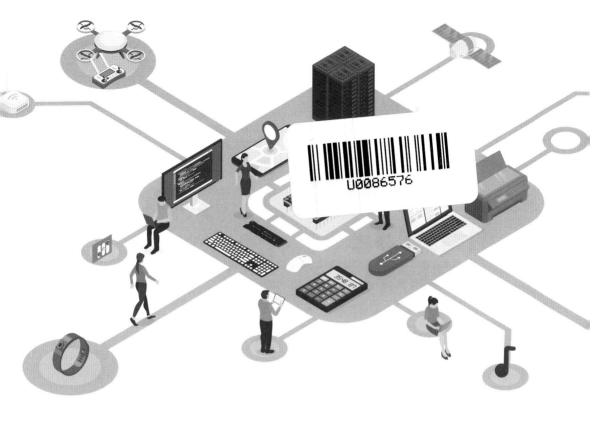

ESP32
物聯網

陳明熒 著

實作入門與專題應用

博碩官網下載範例檔

深入淺出	引導玩家以 ESP32 結合手機實作聽話、對話互動功能
動手實作	以精簡 C 程式碼控制 ESP32 實作語音互動專題應用
技術探討	ESP32 不須連網中文聲控、支援紅外線 IOT 居家應用
專題活用	各項主題可用於專題製作，學生專題製作有方向可循

博碩文化

作　　者：陳明熒
責任編輯：Cathy

董 事 長：陳來勝
總 編 輯：陳錦輝

出　　版：博碩文化股份有限公司
地　　址：221 新北市汐止區新台五路一段 112 號 10 樓 A 棟
　　　　　電話 (02) 2696-2869　傳真 (02) 2696-2867

發　　行：博碩文化股份有限公司
郵撥帳號：17484299　戶名：博碩文化股份有限公司
博碩網站：http://www.drmaster.com.tw
讀者服務信箱：dr26962869@gmail.com
訂購服務專線：(02) 2696-2869 分機 238、519
（週一至週五 09:30 ～ 12:00；13:30 ～ 17:00）

版　　次：2023 年 11 月初版

建議零售價：新台幣 600 元
I S B N：978-626-333-641-4
律師顧問：鳴權法律事務所 陳曉鳴律師

本書如有破損或裝訂錯誤，請寄回本公司更換

國家圖書館出版品預行編目資料

ESP32 物聯網實作入門與專題應用 / 陳明熒
作 . -- 初版 . -- 新北市：博碩文化股份有限
公司，2023.11
　　面；　公分 .

ISBN 978-626-333-641-4(平裝)

1.CST: 系統程式 2.CST: 電腦程式設計
3.CST: 物聯網

312.52　　　　　　　　　　　112017488

Printed in Taiwan

博碩粉絲團　歡迎團體訂購，另有優惠，請洽服務專線
(02) 2696-2869 分機 238、519

微處理機是大學電子、電機系學生，必修的一堂課。過去教材由 8 位元 8051、Arduino、16 位元 8088，到現在 32 位元 ESP32，它已經不是一顆單晶片而已，而是一套控制模組或是系統單晶片 SOC (System on a Chip) 應用，二者似乎可以整合在一起成為有趣、實用的一堂課，需要更多元化的教材來作應用、教學及體驗展示。

ESP32 程式開發使用 Arduino 開發平台，可以降低學習的門檻，只要有 Arduino 實作經驗，短時間可以輕易上手 ESP32，基礎實驗驗證成功後，便容易探索整合出有用專題及實驗。

學會 C 程式設計增能後，在學學生可能要整合做畢業專題，好好完成屬於自己的畢業專題，畢業後可以拿來當作代表作，在求職面試時會有加分作用，特別是應徵韌體工程師時，效果會更好。本書的價值可以幫您完成，具有 ESP32 與 Android 手機連線功能的語音互動專題製作，學會程式設計後，還可以應徵韌體工程師，一般此類工程師薪資都較高。

例如設計機器人相關控制器，未來 10 年主流應用，出路寬廣，即使是 AI 機器人也很難取代他。因為任何控制器，最後還是需要資深的韌體工程師去設定、測試才能正常運作。就趁早學習成為此方面的專家，企業需要這方面的人才。

全書專題實作，先睹為快，可以先翻開續頁，參考：

建立 ESP32 實驗平台，輕鬆探索手機應用語音互動專題

　　讀者可以 DIY 自己的主題，來真正控制家中想控制的物件，都可以實現，成為一台不會壞的裝置，因為軟體、簡單硬體都是自行設計、製作，開始使用、享受真正程式設計帶來的樂趣及成就感。希望本書能引導想做專題的初學者，輕鬆的以 ESP32 玩出您自己的互動精彩專題，那是筆者最大的心願。

網址：www.vic8051.com

信箱：avic8051@gmail.com

陳明熒　于高雄 偉克多實驗室

目錄 CONTENTS

01 CHAPTER ESP32 SoC 與控制器

02 CHAPTER 安裝 ESP32 工具及測試

03 CHAPTER 探索 ESP32 內部資源

07 數位至類比轉換介面
CHAPTER

08 動力驅動控制
CHAPTER

09 紅外線遙控器實驗
CHAPTER

10 CHAPTER 藍牙控制

11 CHAPTER WiFi 控制

12 CHAPTER ESP32 控制說中文

13 CHAPTER　ESP32 控制學習型遙控器模組

14 CHAPTER　ESP32 控制錄音聲控

15 CHAPTER　ESP32 控制中文聲控模組

16 CHAPTER　ESP32 多合一功能體驗應用

17 ESP32 專題製作
CHAPTER

附錄

實作展示

建立 ESP32 實驗平台，輕鬆探索手機應用語音互動專題

1. ESP32 實驗模組組成──含包裝晶片模組及必要基礎電路，使用者拿到模組後可以直接做測試實驗，達到快速驗證的方便性。

USB 介面下載器　　　　　　　　　ESP32 晶片模組包裝

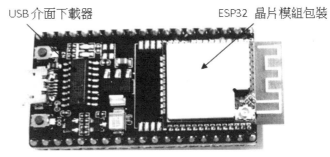

2. 有關 ESP32 實驗注意事項，連線 USB 介面下載程式時，ESP32 耗電負載問題，使用耗電大些的模組，如馬達控制模組、伺服器、LCD，需要另外供電 5V。

3.   內建記憶體 EEPROM 測試，可做系統保護設計。

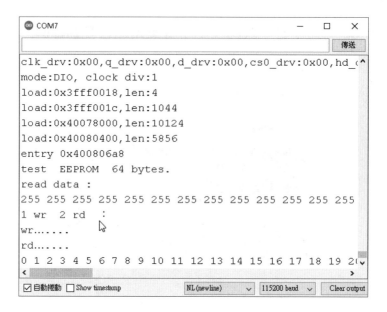

4.   序列繪圖家監控霍爾感知器實驗結果。

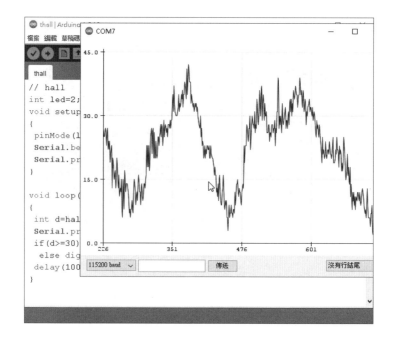

5. LCD 顯示特殊字型測試。

6. LCD 顯示倒數計時。

7.　LCD 電壓表顯示。

8.　LCD 顯示遙控器解碼。

9. 監控視窗看到解碼結果。

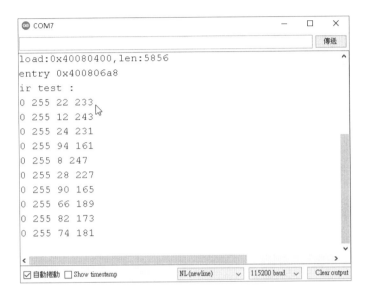

10. 電視遙控器及實驗用遙控器。

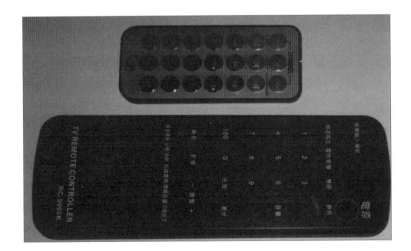

11. 紅外線發射信號編碼格式。

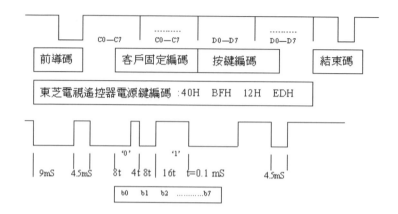

12. 紅外線遙控器按鍵解碼及發射信號。

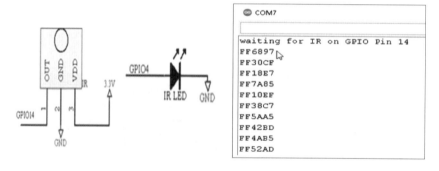

13. ESP32 與手機端藍牙連線——接收到資料。

14. ESP32 與手機端藍牙連線——串列介面顯示手機輸入資料。

15. ESP32 與手機藍牙連線——手機監控顯示 ADC 資料。

16. ESP32 與 WIN10 藍牙連線——藍牙鍵盤測試，ESP32 傳送 123，PC 收到顯示出來。

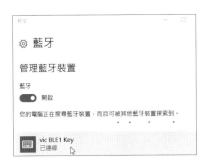 

17. 觸控電子琴實作，ESP32 與 WIN10 藍牙連線——藍牙鍵盤送出鍵盤資料，網路自動鋼琴彈奏，DO RE ME，音色可以選擇，效果很好。自動鋼琴彈奏網址連結：https://www.autopiano.cn/zh-TW/。

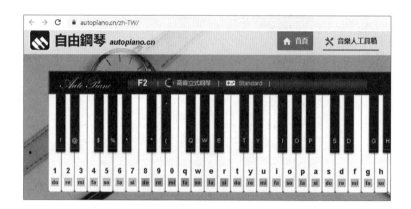

18. ESP32 掃描 WiFi 基地台信號強度。

19. LCD 顯示網路時間。

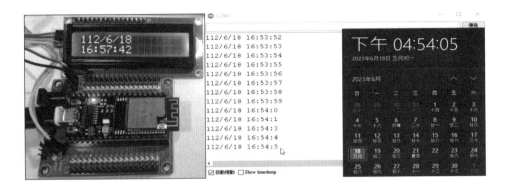

20. 利用 WiFi 控制 ESP32 上 LED 動作，做基礎控制範例學習。

21. WiFi 監控 ESP32 LED+ 顯示溫濕度監控數值。

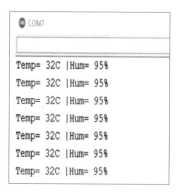

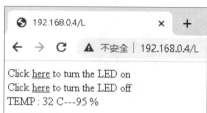

22. MSAY 説中文模組，調整插入方向，使整體占用空間較少。

23. UNO 經由額外串列介面控制 MSAY 說中文。

24. ESP32 由額外串列介面控制 MSAY 說中文。

25. L51 學習型遙控器系統架構。

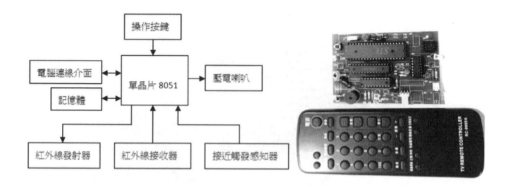

26. ESP32 控制學習型遙控器 L51，可整合多支遙控器，可程式化控制。

27. ESP32 做溫室恆溫控制實驗，整合 L51，開關冷氣控制及應用。

28. ESP32 驅動 VCMM 聲控實驗。

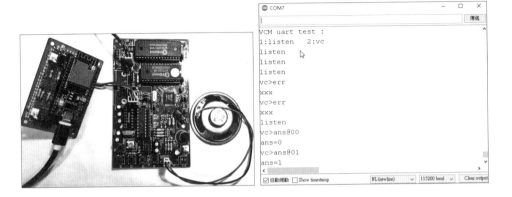

29. ESP32 驅動 VI 做中文聲控實驗。

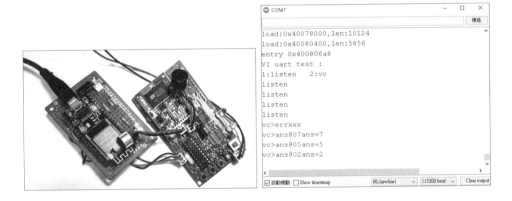

30. ESP32 額外串列介面 3.3V 準位轉換實驗電路。

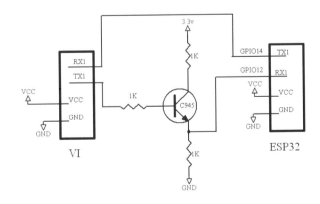

31. WIFI、藍牙加入一起編譯，結果程式碼大小超過 105%。

```
217  if(c==0){ led_bl();  be(); be();  menu();;}
218
219 //8--no function
220   if(c==8){ led_bl();  be(); be();  }
221
222 //4--LOT test ====
```

開發板: NodeMCU-32S 編譯錯誤   複製錯誤訊息

草稿碼使用了 1376605 bytes (105%) 的程式儲存空間。上限為 1310720 bytes。
全域變數使用了 51904 bytes (15%) 的動態記憶體，剩餘 275776 bytes 給區域變數。上限為 327680 bytes。
草稿碼太大，請見http://www.arduino.cc/en/Guide/Troubleshooting#size得知縮減大小的技巧

32. ESP32 系統展示──開機後，偵測不到 WiFi 訊號，還可以執行倒數計時功能。

33. ESP32 系統展示──開機後，偵測到 WiFi 訊號，則更新時間。

34. ESP32 系統展示──按鍵 2，倒數 20 分鐘設定。

35. ESP32 系統展示——按鍵 8，量測電池電壓。

36. ESP32 系統展示——按鍵 9，測試一下杜邦線是否接觸不良。

37. ESP32 系統展示──按鍵 7，做樂透機實驗。

38. 智慧音箱展示版本，簡單的介面，卻是開始學習，如何控制手機 Google 聲控及說中文的好工具，展示版本，可以測試 Google 聲控及說中文及簡單應用，掃描 QR Code 可安裝。

RG0_DEMO.apk安裝

39. 安裝後，可以測試指令——説出指令，系統告知聲控指令。説出「我的夢」，啟動影片播放，説「幾號」，系統告知日期。

40. 簡單的硬體就可以做智慧音箱的連線實驗，連線藍牙後，系統説出「連線」。可以由 ESP32 設計、控制手機 Google 聲控及説中文，打開遙控各式設計及應用介面。

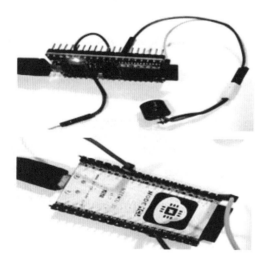 

41. 監控視窗測試 ESP32/Google 互動實驗。

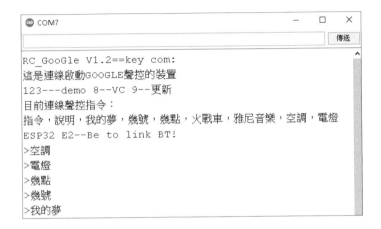

```
RC_GooGle V1.2==key com:
這是連線啟動GOOGLE聲控的裝置
123---demo 8--VC 9--更新
目前連線聲控指令：
指令，說明，我的夢，幾號，幾點，火戰車，雅尼音樂，空調，電燈
ESP32 E2--Be to link BT!
>空調
>電燈
>幾點
>幾號
>我的夢
```

ESP32 SoC 與
控制器

在這一章中，初學者將可以學到微處理機的基礎應用知識，由解析控制器開始、單晶片各種應用、基礎開發工具，為什麼需要 SoC 應用，及 SoC 相關應用。最後開始了解 ESP32 SoC 的基礎知識，開始探索 ESP32 神奇、熱門的實驗應用。

1-1 控制器系統組成

一套控制器組成，是由 CPU（Central Processing Unit）、記憶體及 I/O 輸入輸出單元，三大部分組成。早期 80 年代主流控制器是使用 8088 CPU 系統，需要外加記憶體及 I/O 元件，系統才能啟動做控制器應用，因此設計、製造成本高。為了降低生產成本，於是才有單晶片（single chip）的出現及應用。

單晶片是在一顆晶片當中，包含 CPU、記憶體、及 I/O 元件，只需要外加少許零件，就可以組成一套控制器，這樣一來，就可以大幅地降低生產成本，90年代流行用 8051 系統，就是一個案例。較簡單的應用，可以用 8051 的系統來做控制器，因為它可以經由組合語言、C 語言設計出各種控制程式做各型應用，滿足控制器少量多樣化的應用需求。

當 8051 記憶體不夠用時，可以擴充外部記憶體如 SRAM（Static random-access memory）62256，就可以有 32K 位元組的記憶體空間。當 I/O 不夠時，可以擴充 8255 I/O 控制晶片，就多出 24 位元供輸出、輸入設計應用。需要音效時，可以採用特殊音效晶片，如 UM3567，因此在設計上非常有彈性。

過去實驗室教材也以 8051 控制器為主題，設計了 IO51 控制器，請參考圖 1-1，可以以簡單的 8051 C 程式範例，來學習控制器設計及應用，成為訓練 C 程式設計基礎教材，功能可以用於較簡單的控制器設計及教學應用。

圖 1-1　IO51 控制器

　　學習單晶片 C 程式，掌控基礎軟體控制硬體，硬體控制軟體的互動反應，內化為自己的一套學習、設計法則，就可以靈活應用於很多設計及應用，進而學以致用。在 IO51 上設計有基礎 IO 功能：

■　數位數入：按鍵輸入、溫度感測。

■　數位輸出：LCD 顯示、七節顯示器、LED 顯示、壓電喇叭、繼電器。

■　類比輸入：ADC、感知器擴充腳位。

■　類比輸出：DAC、語音輸出擴充。

■　通訊介面：串列介面、紅外線遙控介面。

　　這就是初學者，掌控的學習目標，學習 ESP32 也一樣。在 IO51 上若有特殊通信藍牙及 WiFi 介面，就可以完成 IOT 完整實驗，這就是實驗室探索 ESP32 的動機，當 IO51 與 ESP32 連線，就可做進階實驗及 IOT 完整實驗。一些舊設備如

8051 控制器想連線，只需要打通 WiFi 的介面，本書的程式就可以做測試實驗，原 8051 系統只要修正 C 程式，就可以執行相關 WiFi 控制實驗。

我們學習 ESP32 的新系統，最重要的核心部分及應用價值，就是連線 WiFi，整個控制器系統，不必全新打造，只需要打造 WiFi 的介面部分。有關於更複雜的控制系統，可以參考書本最後一節，分散式控制系統設計來做系統整合。

1-2 單晶片各種應用

單晶片應用基礎開發工具是 C 語言編譯器及程式下載功能，稱為介面程式下載器。先設計 C 語言程式，經由編譯器，編譯成為執行檔，再由下載器載入程式到單晶片上執行測試工作。功能有限，只能執行一般、單一簡易控制器應用。如計時計數器、自動化控制應用一些裝置、開發測試工具，都是單晶片的各種應用場合。例如：

■ LCD 模組：單晶片設計用於 LCD 顯示。

■ 藍牙模組：藍牙單晶片建立藍牙連線。

■ 介面程式下載器：連接 USB 與串列介面通訊的工具。

■ 紅外線學習模組：先學習遙控器信號，然後可程式化控制。

圖 1-2 是傳統 LCD 模組拍照，就是最簡單的單晶片應用，只是它是做簡單的 LCD 顯示控制，接收標準通用單晶片控制信號，顯示數值資料，後來為了方便介面控制，還有簡化連接實驗，才有 IIC 介面的 LCD 版本，請參考第 5 章實驗。

圖 1-2 傳統 LCD 模組

　　圖 1-3 是 Arduino 實驗用藍牙 HC06 模組，是單晶片結合藍牙的應用，主要用於做藍牙通信實驗，傳統單晶片連接 HC06 模組，發送接收串列介面信號轉為藍牙通訊信號，與外界藍牙裝置連線做應用。

圖 1-3　藍牙模組 HC06

　　圖 1-4 是介面下載器拍照，用來連接電腦 USB 介面與通用單晶片的橋樑，傳統單晶片經由串列介面連接，可以經過它更新單晶片應用程式，實現各種實驗或是應用，是開發單晶片應用必備的開發工具。

圖 1-4　介面下載器拍照

　　圖 1-5 是紅外線學習模組，想要用一個裝置控制家中的所有遙控器設備，最佳的解決方案。先學習遙控器信號，然後發射控制信號驗證，再經由程式設計來控制，想要怎麼設計都可以自己修改程式做應用。有關應用可以參考第 13 章說明。紅外線學習模組原系統就是由 8051 設計，外掛 32K 位元組記憶體來學習紅外線遙控器信號，再將信號儲存在非揮發性記憶體當中，關機時資料仍有效，同時使用遙控器操作來做遙控器信號學習及發射驗證。

圖 1-5　紅外線學習模組

1-3　SoC 介紹及應用

　　為實現較為複雜、特殊整合規格的方案，將數個不同功能的晶片，整合成為一個完整功能的晶片，可以處理數位信號、類比信號、混合信號、高頻通訊信號、傳統控制介面，複雜多樣的對外通訊介面整合，最後封裝成一個模組包裝，稱為系統單晶片（SoC：System on a Chip）。

　　過去 10 年來，由於智慧手機、網路通訊、機器人、AI 物聯網的高速發展，更需要高速執行、通訊整合的 SoC 技術，才能實現更複雜功能的應用，因此 SoC 技術整合將是設計趨勢與潮流。加上軟體、硬體開源應用，社群創客自造風潮的興起，帶動 SoC 技術應用蓬勃發展，其中 ESP32 模組算是一個成功的案例。

有別於前面介紹的單晶片應用做專一功能設計及應用，ESP32 SoC 處理器解決了一些問題：

■ 高速執行。

■ WiFi、藍牙通訊整合。

■ 省電電源管理。

■ 開發工具。

成為社群創客自造的熱門解決方案，熱度不輸於傳統 Arduino 的各種應用。圖 1-6 是最後方便我們實驗的 ESP32 實驗模組，組成如下：

■ ESP32 晶片模組包裝。

■ USB 介面下載器電路。

■ 電源穩壓器。

程式介面下載器電路設計，使用 CH340 晶片或是其他相容晶片。如此一來，使用者拿到模組後可以直接做測試實驗，達到快速驗證的方便性，也可以直接插入麵包板做基礎實驗，或是原型機硬體測試。

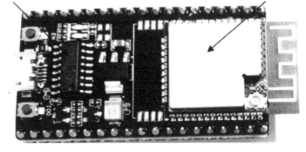

圖 1-6　ESP32 實驗模組組成：含包裝晶片模組及必要基礎電路

1-4 ESP32 SoC 介紹及應用

ESP32 系列模組、開發板,是由中國上海樂鑫科技(Espressif)推出的產品,採用 Tensilica Xtensa LX6 微處理器,包括雙核心和單核變體,主頻高達 240 MHz 的雙核心 CPU,內建天線,高頻轉換器,功率放大器,低雜訊接收放大器,濾波器和電源管理模組,主要實現 WiFi 通訊及低功率藍牙通訊。大部分腳位可支援類比及數位應用,同時內建霍爾、溫度、觸控感測器等應用,支援一般傳輸介面如 SPI、I2C、多組 UART 等擴充功能,結合傳統控制器,可以低成本實現 IOT 相關應用。

圖 1-7 為 ESP32 模組官網相關產品介紹。共分為 3 大類:

■ SOC 類:內層晶片功能整合設計。

■ 模組類:各式包裝晶片模組。

■ 開發板:方便我們實驗的 ESP32 實驗模組。

有了 ESP32 實驗模組,我們就可以輕鬆的經由範例程式,學習 WiFi、藍牙相關有用的功能測試實驗,進而修改成我們想要的應用。

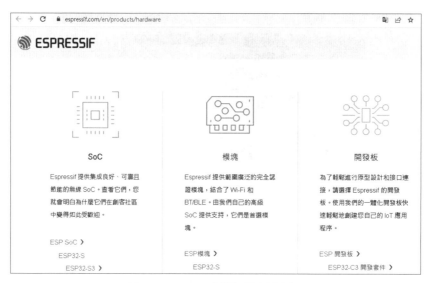

圖 1-7 ESP32 官網相關產品介紹

圖 1-8 為 ESP32 模組腳位說明，我們實驗常用的功能為：

■ 數位數入：按鍵輸入、感知器。

■ 數位輸出：顯示器、LED 顯示、壓電喇叭、繼電器。

■ 類比輸入：觸控感知器、ADC、感知器。

■ 類比輸出：DAC、語音輸出。

■ 通訊介面：串列介面、額外串列介面、IIC 介面。

■ 特殊通訊：藍牙、WiFi 與紅外線遙控介面。

這就是初學者，掌控的學習目標，熟悉這些測試程式的基本測試方法，後面做整合專案實驗就很輕鬆了。由於 SoC 系統太過複雜，並不適合初學者使用，至少要有 Arduino UNO 的基礎實作經驗，再來學做 SoC 較適合，但卻是訓練工程師的好教材。由於有些腳位並未提供特殊的功能，為方便驗證功能，將本書實驗中用到的功能腳位，整理說明如下：

■ LED：使用 GPIO2，此為 ESP32 模組上的 LED，可程式控制閃動。使用時機，當藍牙與 WiFi 連線完成時，LED 閃動，當作指示，或是程式開始執行時。

■ 壓電喇叭：使用 GPIO32，程式開始執行時發出嗶聲，或是特殊狀況發生時。發出嗶聲警示。

■ 紅外線遙控器介面：紅外線接收使用，使用 GPIO 14，請參考第 9 章說明。

■ 紅外線介面發射：紅外線發射，使用 GPIO4，請參考第 9 章說明。

■ 觸控點：使用 GPIO4，請參考第 3 章說明。

■ DTH11 溫溼度感測：使用 GPIO4，請參考第 11 章說明。

■ ADC 輸入：使用 GPIO 15，請參考第 6 章說明。

■ DAC 輸出：使用 GPIO 25，請參考第 7 章說明。

■ 伺服器輸出：使用 GPIO 15，請參考第 8 章說明。

- 直流馬達輸出：使用 GPIO 16、17，請參考第 8 章說明。

- 額外串列介面：輸入 GPIO12，輸出 GPIO14，請參考第 4 章說明。

- IIC 介面：SDA 使用 GPIO 21，SCL 使用 GPIO 22，請參考第 5 章說明。

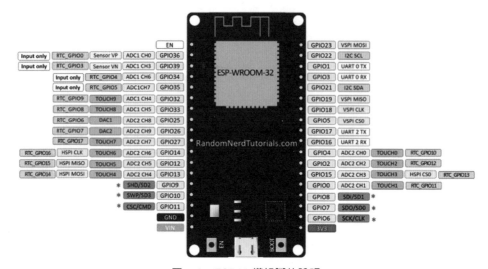

圖 1-8　ESP32 模組腳位說明

資料來源：https://randomnerdtutorials.com

　　以上當作實驗參考腳位，若專案有硬體腳位相衝突，才需調整、分配其他腳位應用。在 ESP32 模組腳位說明中，列出了較完整的腳位參考，當遇到實驗無法順利執行時，可以參考，思考找到可能問題點，當作除錯引導。

1-5　習題

1. 何謂單晶片？舉例說明應用。

2. 何謂 SoC？舉例說明應用。

3. 何謂程式介面下載器？

4. 說明一般控制器系統組成。

02

安裝 ESP32 工具及測試

ESP32 C 程式開發，使用與 Arduino 相同開發環境，若已經熟悉或是做過 Arduino UNO 實驗，可以快速上手，只需安裝新的 ESP32 系統程式庫、安裝開發板下載驅動程式，便可以開始下載程式來做測試。後續章節需要支援的程式庫，到時候再安裝。最後有關 ESP32 實驗注意事項，初學者一定要看，可能出現的問題，致使實驗無法順利進行，嚴重時還可能燒壞硬體。

2-1 安裝 Arduino 平台及設定

用 Arduino 整合開發系統，可以用來學習及開發 ESP32 程式。未曾使用過的新手，則先要到官網下載基本開發工具。

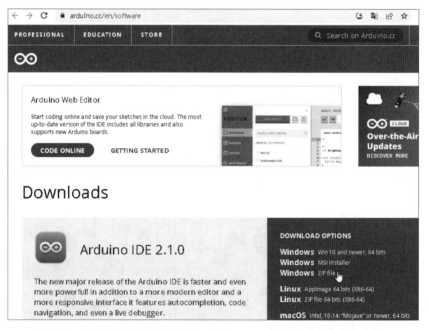

圖 2-1 官網下載軟體網址（https://www.arduino.cc/en/software）

下載 zip 壓縮檔，解壓縮安裝，執行 arduino.exe。常用功能分為 6 區：

■ 驗證：編譯程式，檢查程式是否有語法錯誤。

■ 上傳：上傳程式到控制板來執行。

■ 新增：新增新程式。

■ 開啟：開啟舊程式。

■ 儲存：儲存目前程式。

■ 序列埠監控視窗：電腦監控序列埠資料輸出輸入。

其中序列埠監控視窗一執行，先啟動執行程式，並開啟視窗，用於接收或發送串列介面的資料，用於系統除錯。

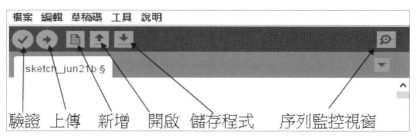

圖 2-2　系統常用功能

再來 3 步驟安裝設定：

■ 設定 ESP32 開發板支援點。

■ 安裝 ESP32 程式庫。

■ 選擇 NodeMCU-32s。

STEP ① 設定安裝 ESP32 開發板支援點

在 Arduino 平台上，設定 ESP32 開發板支援取得來源位址，在檔案 / 偏好設定，額外的開發板管理員網址，加入連結點：https://dl.espressif. com/dl/package_esp32_index.json。

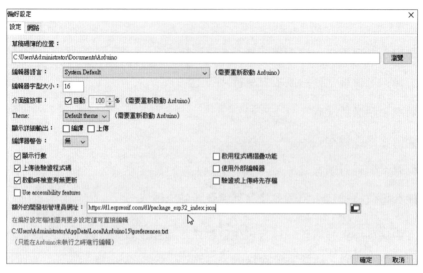

圖 2-3　設定　ESP32 開發板支援取得來源位址

STEP 2　安裝系統 ESP32 程式庫

點選工具 / 開發板 / 開發板管理員，在開發板管理員中輸入 ESP32，找到 ESP32 套件後，點選安裝。

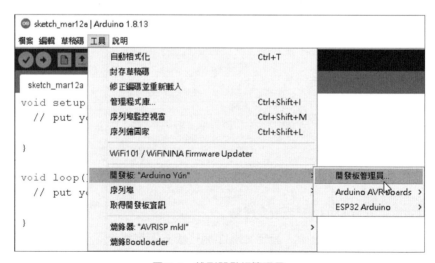

圖 2-4　找到開發板管理員

圖 2-5　設定關鍵字 esp32 相關程式庫

STEP 3　選擇 NodeMCU-32S

點選工具 / 開發板，選擇 NodeMCU-32S。

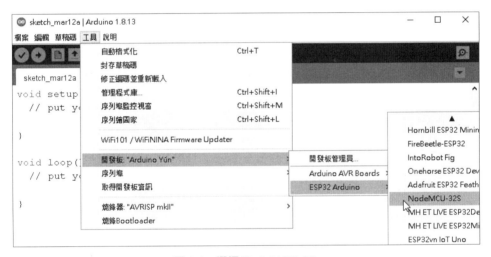

圖 2-6　選擇 NodeMCU-32s

安裝好系統後，測試其編譯功能，產生執行檔來做下載測試。

2-2 下載程式並執行

開啟內建範例程式,來做系統測試,過程如下:

■ 安裝開發板驅動程式。

■ 載入 LED 閃動範例程式。

■ 測試其編譯功能。

■ 下載測試。

STEP ① 安裝開發板驅動程式

台灣 ESP32 模組最容易買到的版本為 NodeMCU-32S,其中 USB 裝置
驅動晶片為 CH340,驅動程式下載點:https://www.wch.cn/download/
CH341SER_EXE.html。

先執行驅動程式,然後再連接 USB。可由裝置管理員中,觀看驅動程式
是否安裝完成,出現 CH340 則表示安裝完成,同時記住此通訊埠位址
COM7,由工具中設定通訊埠 COM7 來下載測試程式。

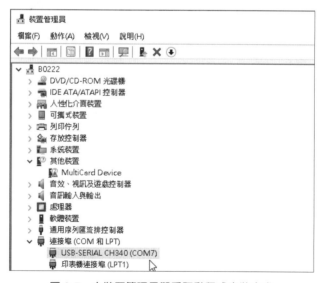

圖 2-7　由裝置管理員觀看驅動程式安裝完成

圖 2-8　由工具中設定通訊埠 COM7

STEP 2 開啟範例程式來做測試

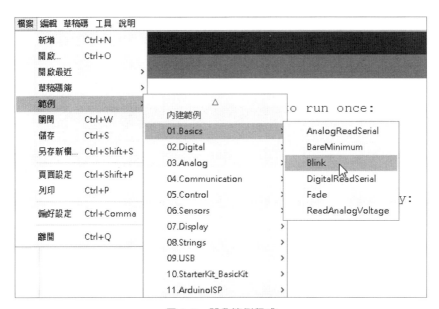

圖 2-9　開啟範例程式

STEP **3** 開始編譯程式

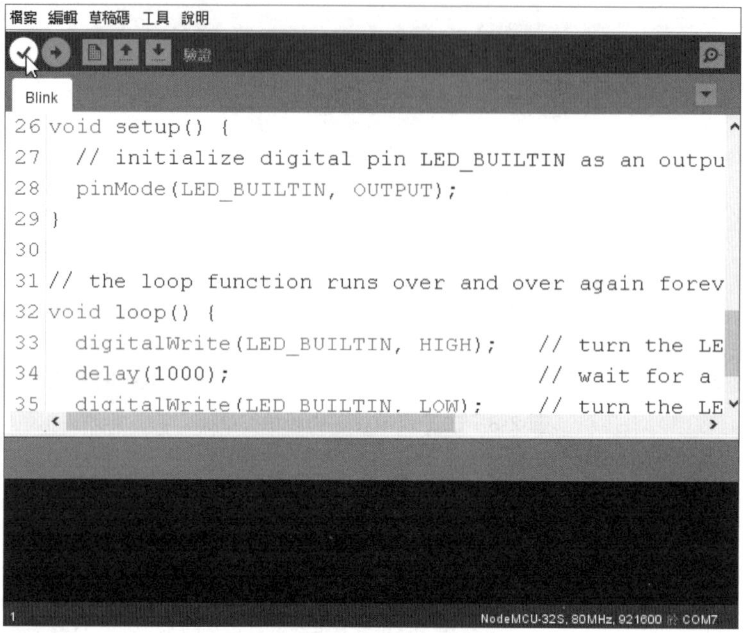

圖 2-10　開始編譯

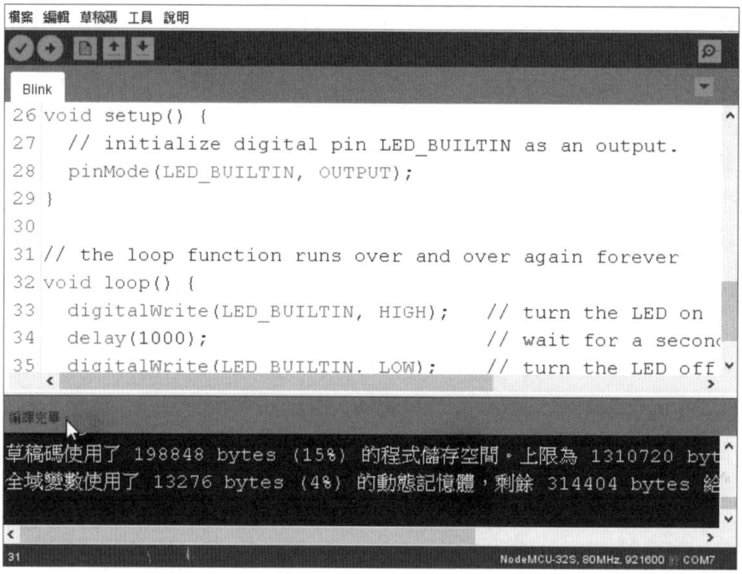

圖 2-11　完成編譯

STEP 4 產生執行檔來做下載測試

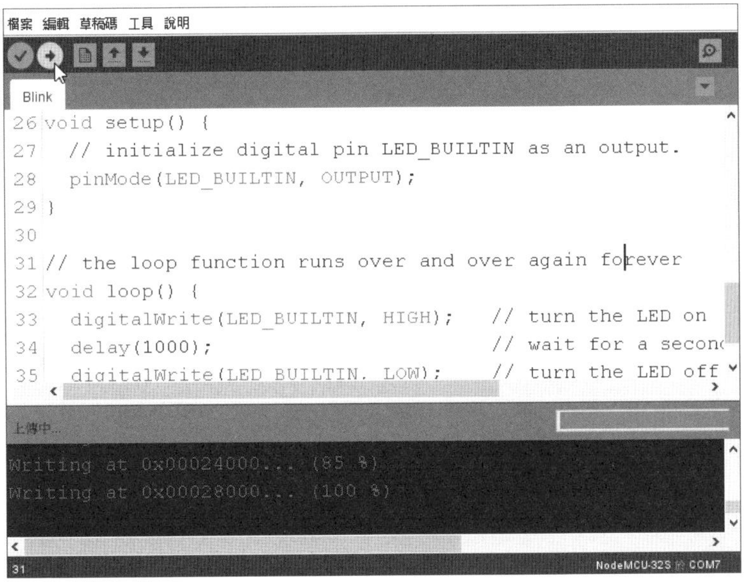

圖 2-12　上傳程式中

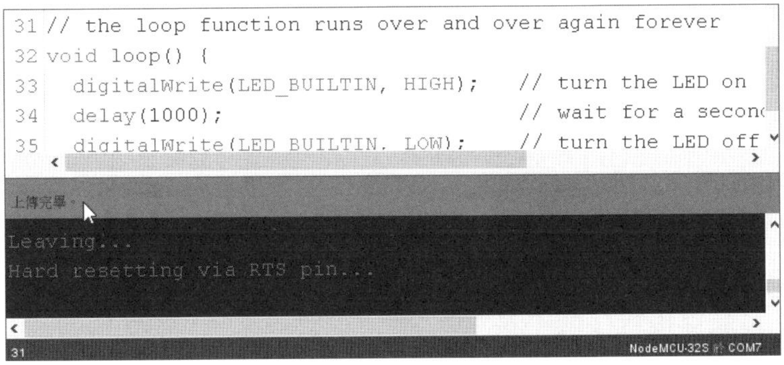

圖 2-13　上傳程式完成

上傳程式後，可以看見 ESP32 模組上 LED 開始閃動。

2-3 有關 ESP32 實驗注意事項

剛開始做 ESP32 實驗時遇到一些奇怪現象，常常使實驗中斷。最常出現的問題如下：

問題 1：ESP32 編譯器編譯程式太慢

可以試試固定編譯 TEST.INO 程式，下載測試，若測試正常，複製檔案備用，新程式要測試仍用 TEST.INO，進行編輯工作。原理是編譯固定程式 TEST.INO，系統會省下反覆載入系統程式的時間，第一次編譯很耗時間，第二次會快些，省下許多時間，若測試正常，複製檔案 TEST.INO，成為 PJX1.INO，部分專案功能完成。

因此書中參考實驗程式是以 TXT 文字檔呈現出來（官網可以下載），需要做相關實驗，要用編輯方式來進行，可以加快編譯速度。

問題 2：連線 PC USB 介面下載程式時，ESP32 耗電負載

平時實驗可以正常下載程式，接上特殊實驗模組，出現程式無法下載問題。特別是使用耗電大些的模組，如馬達控制模組、伺服器、LCD，這些模組在 Arduino UNO 系統上可以順利實驗，到 ESP32 上，可能無法順利完成實驗。解決方法，實驗模組的 5V 電源，需要另外供電，否則嚴重時還可能燒壞硬體。

問題 3：實驗連接線接觸不良

實驗接觸不良是經常出現問題，當馬達無法轉動、抖動等問題出現，先查接觸不良問題，當連接線接觸不良時，馬達會亂轉，無法受程式控制。

問題 4：安裝 ESP32 各模組程式庫

ESP32 實驗需要的各模組，通常都要安裝個別支援的程式庫，否則無法通過編譯器編譯，需要安裝的程式庫支援在各章實驗中都會做說明，請自行參考。

03

探索 ESP32
內部資源

CHAPTER

當 安裝了軟體開發工具後，只需要連接 USB，以最少資源及接線，便可以上傳程式做基本測試，因此本章主要介紹 ESP32 模組上面內部基礎資源，搭配程式碼，一起探索、熟悉系統的功能，包括電容觸控、內建溫度感測、霍爾感知器、內建記憶體 EEPROM。

3-1 有關實驗製作

ESP32 相關產品由 SoC 設計，包裝成模組化，加上 USB 程式更新介面，成為研發實驗模組，硬體製作成為模組腳位，有以下優點：

■ 方便製作原型機做實驗測試。

■ 方便測試各種應用。

■ 檢修時方便更換模組。

■ 降低生產成本及庫存風險。

拜 Arduino 軟體、硬體開源之賜，帶起一股創客 DIY 的製造潮流，越來越多的電子系統廠商，將產品設計成類似的模組腳位包裝，方便客戶端製作硬體原型機做測試及量產前的功能評估。圖 3-1 是 ESP32 反面拍照圖，反面有腳位標示，但通常實驗時看不到。插入實驗時，只看到正面，必須透過轉接板方便實驗觀察腳位圖，請參考圖 3-2。

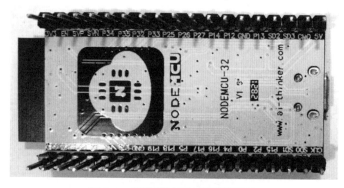

圖 3-1　模組腳位反面有腳位標示

圖 3-2　轉接板方便實驗

　　腳位標示 GPIO（general purpose Input output）腳位，請參考圖 3-3，可以做輸入或是輸出控制或是特殊功能定義，由軟體程式來設定。

圖 3-3　轉接板上有腳位標示

腳位 1 在左下角，依循傳統 IC 腳位，一般 TTL IC 腳位右下角為地線（GND），在左上角為正 5V VCC 電壓標示，需要焊接製作單獨硬體時，請特別注意電壓腳位，以免損壞硬體，這是硬體製作最基本的注意事項。

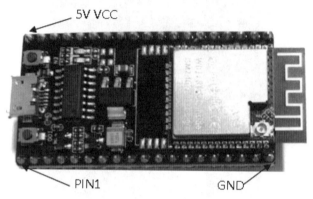

圖 3-4　模組腳位 1 在左下角

實驗以方便製作及兼顧穩定硬體為原則，一般實驗是搭配麵包板來做實驗，雙邊杜邦線公或母接頭來連接，或是連到麵包板來做實驗，如圖 3-5。

圖 3-5　搭配麵包板來做實驗

例如圖 3-6 紅外線發射接收實驗參考圖，請參考第 9 章實驗。

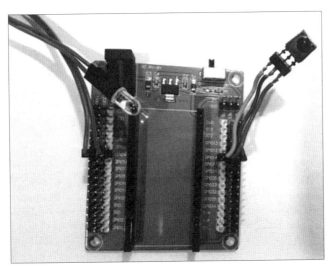

圖 3-6　紅外線發射接收實驗參考圖

圖 3-7 將模組及必要的零件焊接在萬用洞洞板上面，方便實驗，或是附加連線到其他的板子上面執行，例如經由額外串列介面做實驗，請參考第 15 章實驗。

圖 3-7　將模組及零件焊接在萬用洞洞板上面

在做藍牙遙控車實驗，避免車子在移動時造成接線接觸不良，焊接在萬用洞洞板上面，請參考圖 3-8。若以麵包板插線的做實驗，容易產生接觸不良，導致車子無法正常動作。

圖 3-8　藍牙遙控車，避免車子在移動時造成接線接觸不良

在做本章基礎實驗時，只需要 USB 接線，不需要透過轉接板便可以測試模組好壞，插入 USB 接線時，電源指示燈亮起，可以由程式開始來做測試。

圖 3-9　只需要連接 USB，便可以上傳程式做基本測試

3-2 電容觸控

ESP32 模組內建有十個接腳，具備電容觸控感應功能，分別為 GPIO0、2、4、12、13、14、15、27、32、33，除了 GPIO0 外系統保留作特殊應用，模組內建 LED 指示燈使用 GPIO2，因此不要使用這些腳位，其他的 8 個腳位，可以自由使用。

程式設計使用函數 touchRead(pin) 來讀取電容觸控讀值，加以判斷處理，用觸摸方式啟動功能，可以取代傳統按鍵操作，不需要用力按下按鍵，可以啟動功能執行，對於控制器用來做家電人機介面設計及應用時非常方便。

實驗目的

測試 ESP32 模組內建電容觸控感應功能。

功　　能

實驗電容觸控腳位使用 GPIO4。程式執行後，打開串列監控視窗，每秒更新顯示測試讀值，空接時讀值約 68，當以手觸摸測試線材金屬部分，LED 會亮起，然後熄滅，讀值漸漸下降大約到 9。手放開後 LED 熄滅，讀值回到 68 平常空接的數值。

圖 3-10　觸控實作

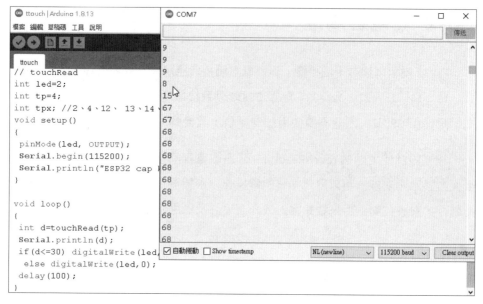

圖 3-11　觸控實驗結果

📟 程式 TTP.INO

```
int led=2;
int tp=4;
void setup()
{
 pinMode(led, OUTPUT);
 Serial.begin(115200);
 Serial.println("ESP32 cap key test .....");
}

void loop()
{
 int d=touchRead(tp);
 Serial.println(d);
 if(d<=30) digitalWrite(led,1);
  else digitalWrite(led,0);
 delay(100);
}
```

3-3 內建溫度感測

　　ESP32 內建溫度感測，主要功能是監控系統內部溫度，由於系統功能複雜，需要耗用電能，當溫度升高時，無適度散熱處理，會演變成當機，想知道 SoC 溫度多高，可以由程式來驗證，此功能僅供參考，一般使用者無法用到，因為不是室內環境溫度。

　　正因為不是室內環境溫度，正好可以當作數據及實驗機台參考。此套 ESP32 模組，正可以當作數據量測的測試機台。我們很好奇，晶片內部與表面我們觀察到的溫度，溫差有幾度？如何降溫？模組可以看到包裝鐵殼，用手去觸摸，感覺是溫溫的，它是用鐵殼包裝來充當散熱器處理應用。

　　答案可以由實驗中找出來。測試結果約 53 度 C。當時室溫約 25 度，超過 27 度會感覺熱，53 度相當高的溫度，經過鐵殼散熱處理，已經降溫很多，降了 28 度左右。

實驗目的

測試 ESP32 內建溫度感測功能。

功　　能

程式執行後，打開串列監控視窗，每秒更新顯示內建溫度測試讀值，為 53.3 度 C，當溫度大於 60 度 C 時，模組上面 LED 指示燈會亮起來，表示溫度過高，長期處於高溫，模組的使用壽命也會減少。其中量測溫度為華氏溫度，需做攝氏溫度轉換：

$$攝氏溫度 = (華氏溫度 - 32) \times 5/9 = (華氏溫度 - 32)/1.8$$

最後將數值送到串列監控視窗顯示出來。

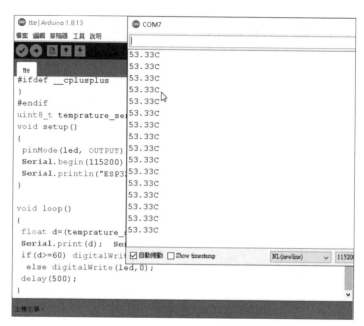

圖 3-12　內建溫度實驗結果

📟 程式 Tte.INO

```
int led=2;
//ESP32 internal temperature
#ifdef __cplusplus
extern "C" {
#endif
uint8_t temprature_sens_read();
#ifdef __cplusplus
}
#endif
uint8_t temprature_sens_read();
void setup()
{
 pinMode(led, OUTPUT);
 Serial.begin(115200);
 Serial.println("ESP32 temp. test .....");
}

void loop()
```

```
{
 float d=(temprature_sens_read() - 32) / 1.8;
 Serial.print(d);  Serial.println('C');
// 當溫度大於 60 度 C 時，LED 亮起
 if(d>=60) digitalWrite(led,1);
  else digitalWrite(led,0);
 delay(500);
}
```

3-4 霍爾感知器

　　霍爾感知器是一個換能器，可以將磁場的變化，轉化為輸出電壓的變化。一般應用於磁場量測，還可以用於接近開關、位置量測、電流測量等設備應用。

　　ESP32 模組內建霍爾感知器，本節利用實驗程式及系統工具來監控感知器的數位讀值變化及走勢。程式設計使用函數 hallRead() 來讀取內建霍爾感知器讀值，加以判斷處理。

實驗目的

測試 ESP32 內建霍爾感知器功能。準備一小型喇叭，當作磁場改變的觸發源，方便實驗進行。

功　　能

程式執行後，打開串列監控視窗，每秒更新顯示霍爾感知器的量測讀值，當讀值大於 30 時，LED 亮起指示。以串列監控視窗數值表示，看來疑似亂數呈現，但是以工具 [系列繪圖家] 進行觀看，可以看出一些現象：

■　　讀值有一短期趨勢走勢。

■　　當喇叭接近模組時，改變區域磁場。

■　　區域磁場有變化，數值呈現劇烈變化。

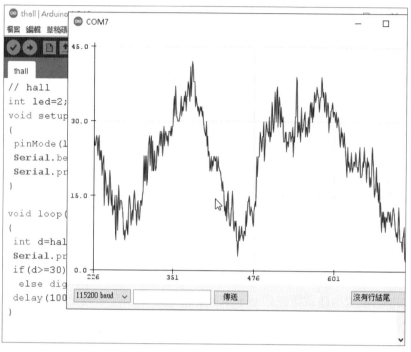

圖 3-13　以序列繪圖家監控霍爾感知器實驗結果

📟 程式 hall.INO

```
int led=2;
void setup()
{
 pinMode(led, OUTPUT);
 Serial.begin(115200);
 Serial.println("ESP32 hall test .....");
}

void loop()
{
 int d=hallRead();
 Serial.println(d);
 if(d>=30) digitalWrite(led,1);
  else digitalWrite(led,0);
 delay(100);
}
```

3-5 內建記憶體 EEPROM

ESP32 內建有 EEPROM 空間，可達 512 個位元組空間。EEPROM 是可電子抹除式複寫唯讀記憶體（Electrically-Erasable Programmable Read-Only Memory），其特性是用來儲存非揮發性記憶資料，寫入後資料可以永久保存，不會因為關機而遺失資料。一般控制器應用會存放會員資料、客戶識別資料、密碼等重要參數，或是定時收集的感知器數據資料，如溫溼度等資料。

測試程式用到的程式功能：

■ #include <EEPROM.h>：載入程式庫。

■ EEPROM.begin(SIZE)：設定記憶體大小。

■ EEPROM.read(addr)：讀取資料。

■ EEPROM.write(addr, val)：寫入資料。

■ EEPROM.commit()：一次寫入資料。

最後要執行 EEPROM.commit() 做一次性寫入，才完成寫入保存動作。可以讀回後，顯示出來確認資料存取有效。

實驗目的

測試內建記憶體 EEPROM 讀寫資料。

功　能

由監控視窗測試 EEPROM 讀寫 64 位元組資料，按鍵 1，寫入資料。按鍵 2，讀取資料。執行後先讀取資料，全為 255，再依序寫入 0—63 後，再讀出確認。關機後，資料仍有效保存者。

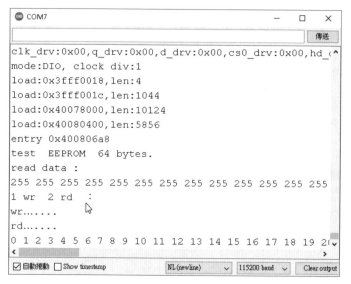

圖 3-14　內建記憶體 EEPROM 測試

📟 程式 TEP.INO

```
#include <EEPROM.h>
int addr = 0;
#define SIZE 64
void setup()
{
  Serial.begin(115200);
  Serial.println("test  EEPROM  64 bytes.");
  if (!EEPROM.begin(SIZE))
  { Serial.println("failed to init EEPROM"); delay(1000);  }

  Serial.println("read data : ");
  for (int i = 0; i <SIZE; i++)
  { Serial.print(byte(EEPROM.read(i))); Serial.print(" ");  }
  Serial.println();  Serial.println("1 wr  2 rd  :");
}


void loop()
{
if ( Serial.available() > 0)  // 有串列介面指令傳入
    { char c=Serial.read(); // 讀取指令
```

```
      if(c=='1') { Serial.println("wr…...."); wrx();  }
      if(c=='2') { Serial.println("rd…...."); rdx();  }
   }
}
//----------------------------------------
void rdx(){// 讀取測試
for (int i = 0; i <SIZE; i++)
  { Serial.print(byte(EEPROM.read(i))); Serial.print(" ");  }
   Serial.println("1 wr  2 rd  ：");
}
//---------------------
void wrx(){// 寫入測試
for (int i = 0; i <SIZE; i++)
   EEPROM.write( i, (byte)i );
   EEPROM.commit();
}
```

3-6 習題

1. 修改電容觸控感應功能，接觸後 LED 亮起，按住以後，閃動 3 下。

2. 說明霍爾感知器應用。

3. 修改 ESP32 測試程式，將生日寫入記憶體 EEPROM 中，再讀出測試。

Memo

04 串列介面控制

電腦的通訊介面應用很廣，除了可以做基本資料的傳送，遙控系統的設計外，更可以完成特殊硬體擴充的連線作業，這在做資料收集或是自動控制工程應用上均是相當重要的技術。而 ESP32 在通訊介面上便提供了我們更多組方便使用的功能，由電腦上傳程式到板上來執行，執行結果會傳回電腦顯示訊息，將電腦當做終端機應用。

在本章中我們將說明串列傳送的基礎通訊原理，及 ESP32 串列埠的使用，並以實驗來說明串列資料的接收及傳送，這些都是一些非常基本的測試程式，熟悉這些程式的設計，可以應用在專題製作上，可以做多顆晶片的系統連線控制，也可以與 PC 做資料傳送。

4-1　串列資料傳送原理

電腦與外界通訊做資料交換的方式，基本上可以分為兩大類，分別為串列及並列傳輸介面。

並列通訊

並列通訊資料傳送的方式，一次送出或接收一個位元組（8 個位元），如圖 4-1 所示，通常在微電腦的 I/O 上會接有介面控制晶片，其資料匯流排可視為是並列傳送的一種，只不過是在微電腦系統內部運作而已，並未對外做通訊。典型的例子如 PC 連結的印表機，就是使用並列通訊的方式，稱為 Centronics 介面。其中包含有交握式的控制介面，以保證資料傳送的正確性。使用並列資料傳送的優點是速度快，適合近距離的傳送，對距離較長的電腦通訊，由於傳輸線成本增加、電氣信號衰減等問題，會考慮使用串列通訊的傳送技術。

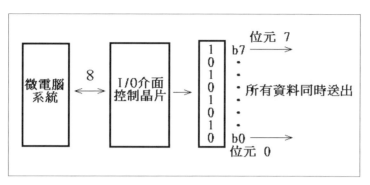

圖 4-1　並列通訊示意圖

串列通訊

　　串列通訊是以一連串的位元形式將資料傳送出去或接收進來，在任一瞬間則只傳送一個位元，如圖 4-2 所示。資料傳送較費時，但卻可以降低傳輸線的硬體成本，特別適合做較長距離的電腦通訊。典型的串列通訊傳輸方式是使用 RS232 介面，屬於一種非同步傳送格式，使用的相當普遍，像是一些較高級的儀器設備，如自動量測儀器均會提供此一通訊介面，使得與電腦間可以很容易的建立連線，增加整個儀器本身的擴充能力。

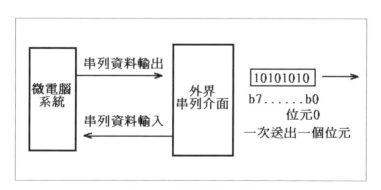

圖 4-2　串列通訊示意圖

非同步串列資料傳送

串列資料傳送，為了保證資料發送端與接收端可以取得同步，正確的傳送資料，在非同步串列資料傳送中，每傳送一筆資料都由一組資料框組成。此資料框的格式共由以下 5 個要項組成：

標記	起始位元	資料位元 ……	同位位元	停止位元

1. 標記：當串列傳輸線上不傳送資料時，它所處的狀態稱為標記狀態，用以告知對方目前是處於待機閒置的狀態下，此信號一直保持在高準位下。

2. 起始位元：在真正傳送資料位元前，會先送出一個低電位的位元，以告知接收端馬上就要送資料出去了，標記一直保持在高電位下，一旦送出起始位元低電位後，在這轉態的瞬間，接收端與發送端便取得同步。

3. 資料位元：真正傳送的資料在起始位元送出後，便逐一將位元一個一個送出去（位元 0 最先送出）。資料的長度可以是 5 到 8 個位元，例如是英文的文字檔，則只要用到 7 個位元傳送即可，使用 8 個位元可以傳送文字檔或任何資料檔。

4. 同位位元：在傳送完每一個位元資料後，接著送出同位檢查位元，用來檢查資料在傳送的過程中是否發生錯誤，同位位元檢查可以是奇同位或偶同位。採用奇同位做同位位元檢查，表示所有資料位元加上同位位元後，"1" 的總數要為奇數，反之偶同位則所有資料位元加上同位位元，"1" 的總數應為偶數個。當然，也可以不使用同位位元檢查，在資料傳送中，少傳一個位元，可增快傳輸速度。

5. 停止位元：在一連串的傳送位元的最後一個位元稱為停止位元，用以表示一個位元組的資料已傳送完畢。停止位元可以是 1 個、1.5 個或 2 個，依需要而做選擇。很明顯的，在串列傳輸中，加入開始及結束位元的主要功能是讓收發兩端可以隨時取得同步，使得資料傳輸無誤。圖 4-3 為位元組 6BH 經串列傳輸介面送出時的波形圖，傳送一個位元組共花了 11 個位元寬的傳送時間。除了資料項 8 位元外多加了起始、停止及同位檢查位元,其中可以看出同位檢查是採用奇同位,因為資料項加上同位元,共有 5 個 "1",奇數個 "1"。至於傳送的速度到底多快,這就與鮑率(Baud Rate)有關。

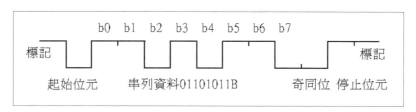

圖 4-3　串列資料 "6BH" 送出時波形圖

非同步串列資料傳送的速度多快,與其傳輸率——鮑率有關。每秒鐘可以傳送幾個位元的資料稱為鮑率,其單位是 BPS(Bit Per Second)。典型的傳輸率有 2400、4800、9600 和 19200 BPS。

以 9600 BPS 為例,表示每秒可以傳送 9600 位元的資料,若傳送上圖的資料,共花了 11 個位元,以 9600 除以 11 可以得到 873,表示每秒可以傳送 873 個位元組,鮑率越高傳送時間愈短,至於應採用何種傳輸率來傳送資料呢?此乃收發雙方的事,兩方均要一致,便不會有問題。只要資料傳輸不出錯,當然是越快越好,較常使用的非同步串列傳輸通訊協定為 9600 8 N 1,即鮑率為 9600 BPS,傳送或接收 8 個資料位元,沒有同位檢查,1 個停止位元,而起始位元一直會存在著。

4-2　RS232 串列介面介紹

傳統電腦或是控制器都含有一個串列通訊介面,其傳送規格都是採用 RS232 標準規格,圖 4-4 是輸入與輸出電位標準,為了提高雜訊免疫能力、防止雜訊干擾產生誤動作,採用雙極性、負邏輯方式來表示,以 +5V ～ +15V 代表邏輯 0,以 -5V ～ -15V 代表邏輯 1,在此準位設定下做資料傳送,在實際通訊應用中約有

3V 的雜訊邊界，在這範圍內可以提供很好的抗雜訊能力，其傳送速度可以達 20K BPS，最遠傳送距離可達 50 呎。

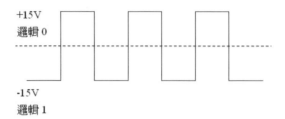

圖 4-4　RS232 傳送信號的準位採用負邏輯方式來表示

　　早期電腦後端的 RS232 連接頭一般有兩種，一種是 9 支腳位，另一種是 25 支腳位皆為公接頭。圖 4-5 是其實體照相，圖 4-6 是其接腳編號。注意公接頭與母接頭方向剛好相反，因此接腳編號順序也相反，做實驗時需要特別注意，仔細看一下接頭內部就有接腳編號標明，先確認一下再做實驗連接。

圖 4-5　RS232 9 PIN 公接頭照相

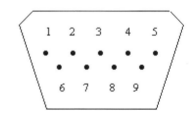

圖 4-6　RS232 9 PIN 公接頭接腳編號

　　表 4-1 是 RS232 9 支腳位其相關信號說明，RS232 串列介面早期是與數據機（MODEM）相連接，是一個很好的應用實例。因此其控制接腳中，包含有與數據機互相作交握式信號通訊傳送的控制信號。表 4-2 是 RS232 9 支與 25 支腳位信號對照，早期 RS232 介面規格訂定是以 25 支腳位為主，因為與數據機相連接，將信號減化為 9 支腳位，現在看到的 RS232 通信介面接腳都是以 9 支腳位為主。

表 4-1　RS232 9 支腳位信號定義

腳位	信號	信號功能
1	CD	載波信號偵測（Carrier Detect）
2	RXD	接收資料（Receive）
3	TXD	發送資料（Transmit）
4	DTR	資料端備妥（Data Terminal Ready）
5	GND	接地（Ground）
6	DSR	資料備妥（Data Set Ready）
7	RTS	要求傳送（Request To Send）
8	CTS	清除來傳送（Clear To Send）
9	RI	鈴響偵測（Ring Indicator）

表 4-2　RS232 9 支與 25 支腳位信號對照

9 PIN 腳位	信號	25 PIN 腳位
1	CD	8
2	RXD	3
3	TXD	2
4	DTR	20
5	GND	7
6	DSR	6
7	RTS	4
8	CTS	5
9	RI	22

RS232 接腳相關信號動作說明如下：

■ CD 接腳：此接腳由數據機來控制，當數據機偵測到有載波信號時，輸出高電位表示通知電腦，目前是在連線中。

■ RXD 接腳：電腦接收數據機所傳過來的數位信號接腳，此接腳會隨著信號做高低電位的變化。

■ TXD 接腳：電腦向數據機傳送的數位信號接腳，此接腳會隨著信號做高低電位的變化。

■ DTR 接腳：此接腳由電腦來控制，輸出高電位表示通知數據機，電腦這邊已經備妥，可以接收資料了。

■ GND 接腳：電腦串列介面與數據機間的共同接地線，兩端的地線準位必須一致，才不會使傳送的信號不穩定，出現漂移誤動作。

■ DSR 接腳：此接腳由數據機來控制，輸出高電位表示通知電腦，數據機這邊已將資料備妥，可以傳送給電腦了。

■ RTS 接腳：此接腳由電腦來控制，通知數據機將資料送出，當數據機收到此控制信號號後，便會將由電話線上收到的資料傳給電腦。

■ CTS 接腳：此接腳由數據機來控制，通知電腦將資料送出，數據機會將電腦送過來的資料，經由電話線路傳送出去。

■ RI 接腳：當數據機偵測到有電話鈴響信號時，送出此信號通知電腦。若數據機設為自動應答模式時，則會自動接聽電話。

4-3 ESP32 串列介面

電腦 USB 介面已成電腦週邊裝置連線的主流，圖 4-7 為電腦 USB 介面與連接頭。ESP32 提供 USB 介面來與電腦連線，請參考圖 4-8，可以提供 3 種應用：

■ 上傳程式。

■ 連線時，提供 5v 電源供測試。

■ 由串列介面監控程式執行結果。

圖 4-7　電腦 USB 介面與連接線

圖 4-8　ESP32 USB 介面與連接線

　　單晶片程式開發，需要用到程式下載器（第 1 章有說明），就是 USB 到串列介面轉換器。若是以 UNO 板子最少電路製作測試，則可以透過 USB 到串列介面轉換器與電腦連線，來上傳程式，圖 4-9 是 USB 介面轉換器照相，它有以下腳位：

■ 5V：5V 電源供電。

■ 3.3V：3.3V 電源供電。

■ RXD：下載程式或通訊的接收腳位。

■ TXD：下載程式或通訊的發送腳位。

■ 地線。

圖 4-9　USB 介面轉換器與實驗板連接

利用介面轉換器與 Arduino 最小電路製作實驗板連接，串列介面腳位需互換如下：

■ RXD：連接 Arduino TX0 發送腳位。

■ TXD：連接 Arduino RX0 接收腳位。

在 ESP32 板上有晶片做準位轉換，例如使用 CH340 驅動晶片與電腦 USB 連線，用來下載及監控程式執行用。使用內定的串列介面，至於系統想擴充應用與外界通訊，則需使用額外串列介面，在後續章節有做說明。ESP32 承襲 Arduino 系統內建的串列介面連線的 Serial 程式庫，提供以下基本動作：

■　串列介面初始化：與通訊端建立相同通訊協定，準備通訊。

■　串列介面輸出：由串列端口送出資料。

■　串列介面輸入：由串列端口接收資料。

■　串列介面監控視窗：在電腦上的執行檔。

　　監控串列介面資料進出，使用者只需要使用程式庫功能，以簡單的控制程式碼直接驅動串列介面顯示接收資料，或是發送資料出去，而不必花時間去寫低階的硬體控制指令。串列介面監控視窗是一項很好用的除錯工具，只要通訊協定鮑率設定好，便可以顯示進來的資料，也可以發送資料出去，達成遙控開發板動作的應用或是除錯。串列介面控制常用指令如下：

```
Serial.begin(9600); // 初始化串列介面鮑率設定為 9600 BPS
Serial.print ("hello, world");  // 輸出資料
Serial.read();// 讀取資料
```

　　前面介紹過串列傳輸通訊協定，ESP32 在通訊協定上，使用（115200 8 N 1）：

■　鮑率 115200 BPS。

■　傳送或接收 8 個資料位元。

■　沒有同位檢查。

■　1 個停止位元。

| 實驗目的 |

ESP32 傳資料到電腦，電腦端接收訊息。

| 功　　能 |

執行後，打開串列介面監控視窗，串列介面收到資料。系統先送出內部啟動程式執行相關訊息功能，再送出我們設計的程式功能，ESP32 傳訊息到電腦。

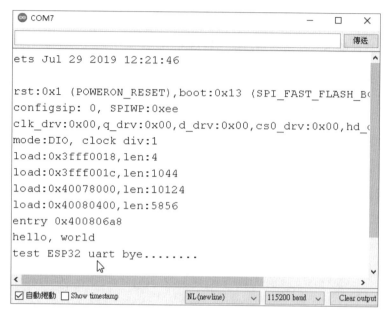

圖 4-10　串列介面收到 ESP32 傳來資料

程式 ur.ino

```
void setup()// 初始化設定
{
 Serial.begin(115200);
}
void loop()// 主程式迴圈
{
 Serial.print("hello, world ");
 Serial.print("\ntest ESP32 uart ");// \n 表示送出換行
 Serial.println("bye........\n");
 while(1); // 無窮迴圈
}
```

4-4 ESP32 接收資料控制 LED 燈

前面介紹過串列介面讀取資料，是使用 Serial.read() 函數，但還是要看控制晶片內，串列介面資料緩衝區是否有收到資料，使用函數 Serial.available() 可以檢查緩衝區是否有資料備妥，執行後：

■　傳回 0，表示沒有資料。

■　傳回 n，表示接收到 n 位元組數的資料。

再使用 Serial.read() 函數讀取緩衝區的第一筆資料。

ESP32 開發板上有內建 LED，可當作動作指示燈應用。由於串列介面的硬體連接方式簡單，因此在初期軟體開發上，可以經由電腦串列介面監控視窗與控制板連線，進行簡易的程式設計控制及除錯。本節電腦端送出控制指令 "123" 可以控制 LED 做出反應，硬體控制板上無需按鍵，也可以控制程式動作流程。

实验目的 | 實驗目的

電腦端送出控制指令，ESP32 接收電腦傳來的資料，控制 LED 燈動作。

功　能

執行後，打開串列介面監控視窗，電腦端可接收 ESP32 傳來訊息。電腦端可以輸入指令傳到控制板，控制 LED 做出反應。ESP32 接收電腦傳來的指令，反應如下：

■　數字 1：由串列介面回應輸出 "1"，LED 閃動 2 下。

■　數字 2：由串列介面回應輸出 "2"，LED 閃動 4 下。

■　數字 3：由串列介面回應輸出 "3"，LED 閃動 6 下。

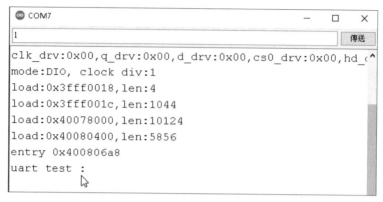

圖 4-11　串列介面輸入指令與接收 ESP32 傳來資料

程式 ur_led.ino

```
int led =2 ; // 設定 LED 腳位
//-------------------------------------
void setup() { // 初始化設定
  Serial.begin(115200);
  pinMode(led, OUTPUT);
}
//-------------------------------------
void led_bl()//LED 閃動
{
int i;
 for(i=0; i<2; i++)
  {
    digitalWrite(led, HIGH); delay(150);
    digitalWrite(led, LOW);  delay(150);
  }
}
//-------------------------------------
void loop()// 主程式迴圈
{
char c;
  led_bl();
 Serial.print("uart test : ");
 while(1)
  {
  if (Serial.available() > 0) // 若有收到資料
```

```
{
  c= Serial.read(); // 讀取資料
  if(c=='1')
    {Serial.print("1 ");led_bl();}
  if(c=='2')
    {Serial.print("2 ");led_bl();led_bl(); }
  if(c=='3')
    {Serial.print("3 ");led_bl();led_bl(); led_bl();}
}
}
}
```

4-5 串列介面輸出亂數

　　初期軟體開發上，可以經由電腦串列介面監控視窗與控制板連線，將處理結果經由串列介面傳回電腦上而顯示在螢幕上，控制板上傳回哪些資料呢？一般有以下幾種：

1. 程式執行中的變數值，例如經過函數執行後的結果。

2. 所讀取的輸入取樣資料，包括數位輸入或是類比輸入值。

3. 經過運算或是演算法處理後的結果。

　　程式設計如果能夠掌握這些變數的變化，便可以輕易的除錯，特殊硬體介面只需要依專門控制軟體來驅動看結果，因此一個有經驗的系統設計工程師，只要擅用以上的除錯技巧，不需要建立很複雜的硬體介面，也不需要借助於昂貴的開發工具，便可以有效率的完成專案的軟硬體整合開發測試。

　　Arduino 內建有亂數產生函數 random(no)，可以產生 0 到 no-1 的亂數，我們怎麼知道它產生的亂數是否有效？是否不重複？將執行結果經由串列介面傳送回電腦端顯示出結果，便可以驗證軟體執行的正確性。

實驗目的

由串列介面監控視窗觀察亂數產生函數執行結果。

功　能

執行後，打開串列介面監控視窗，串列介面收到傳來的亂數執行結果。

圖 4-12　串列介面收到傳來亂數資料

程式 ur_ran.ino

```
void setup()// 初始化設定
{
  Serial.begin(115200);
  Serial.println("random test : ");
}

void loop()// 主程式迴圈
{
int r;
 r=random(42); // 產生亂數
 Serial.println(r);// 輸出亂數
 delay(300); // 延遲 0.3 秒
}
```

4-6 ESP32 額外串列介面

在 ESP32 板上設計有 USB 介面與晶片做信號、準位轉換,使用內定的串列介面做連線,用來下載及監控程式執行用。若使用者想設計與電腦端做通訊連線,可以使用原先系統提供的 Serial 程式庫。而實際應用時,串列介面是與外界連線的好工具,想要擴充應用與外界通訊,則需使用所謂的額外串列介面,本節將測試基礎額外串列介面的動作,有關應用實驗在後續章節有做説明。用到相關程式:

```
#include <HardwareSerial.h> // 載入程式庫
HardwareSerial ur1(1); // 產生額外串列介面 1
int RX1=12, TX1=14; // 定義實際輸入及輸出腳位
ur1.begin(9600, SERIAL_8N1, RX1, TX1); // 設定通訊協定
ur1.write(ch);// 由 ur1 寫入資料
ur1.available()// 額外串列介面有資料進入
```

一般串列介面自我測試,將額外串列介面接收連到發射端,送出資料再接收進來,經由監控視窗自我檢查。測試原理過程如下:

- 檢查額外串列介面有資料進入。
- 有資料進入讀取進來。
- 將資料寫到 PC 串列介面,顯示出來。
- 當 PC 串列介面有測試資料進入,輸入測試資料。
- 讀取進來測試資料。
- 寫到額外串列介面。
- 持續循環。

| 實驗目的 |

由串列介面監控視窗觀察額外串列介面,發送與接收資料的執行結果。

功　能

執行後，打開串列介面監控視窗，監控額外串列介面輸入輸出資料的執行結果。執行前先將 GPIO 12 與 GPIO14 腳位短路，額外串列介面接收連到發射端，做閉迴路控制。執行後，額外串列介面先送出測試字元，當發射連到接收端，接收進來後，傳到 PC 端串列介面，顯示出來。當 PC 串列介面有測試資料進入，則接收後傳到額外串列介面輸出，接收後傳回 PC 端，顯示出來達成測試的目的。例如輸入「TEST」則顯示「TEST」。

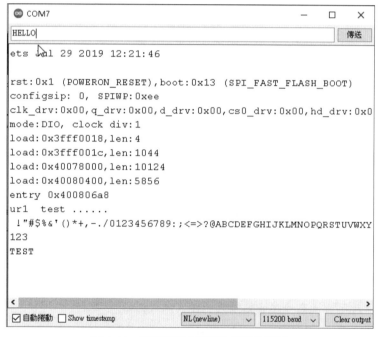

圖 4-13　額外串列介面發送與接收測試

💻 程式 ur1.ino

```
#include <HardwareSerial.h> // 載入程式庫
HardwareSerial ur1(1); // 使用額外串列介面 1
int RX1=12, TX1=14; // 定義腳位
void setup()// 初始化設定
```

```
{
  Serial.begin(115200); // 啟動串列介面
  Serial.println("ur1 test : ");
// 設定接收與發射通訊協定
ur1.begin(9600, SERIAL_8N1, RX1, TX1);
  for (char ch = ' '; ch <= 'z'; ch++)  ur1.write(ch); // 測試字元輸出
    ur1.println("");
}
void loop()// 主程式迴圈
{
// 額外串列介面有資料進入，則讀取進來，同時寫到 PC 串列介面
while ( ur1.available() > 0)   Serial.write(ur1.read());
// 當 PC 串列介面有測試資料進入，則讀取進來，同時寫到額外串列介面
 while (Serial.available() > 0)  ur1.write(Serial.read());
}
```

4-7 習題

1. 說明如何利用串列介面來進行程式設計除錯。

2. 說明非同步串列資料傳送中，資料框組成要項。

3. 說明串列資料傳送中同位位元檢查的目的。

4. 說明非同步串列傳輸通訊協定（9600 8 N 1）意義為何？

5. 說明非同步串列傳輸通訊協定鮑率的意義。

6. 說明 RS232 規格傳送資料的準位為何？

7. 寫一程式，使用通訊協定為（9600 8 N 1）與 PC 建立連線，當 PC 上按鍵，
   則做出相對的回應：

   • PC 按鍵 1 →回應：" KEY 1 TEST "

   • PC 按鍵 2 →回應：" KEY 2 TEST "

Memo

LCD 顯示控制

CHAPTER

LCD（液晶顯示器）在電子產品設計中使用率相當高，普通的七節顯示器只能用來顯示數字，若要顯示英文文字時，則會選擇使用 LCD，常見的使用場合有量測儀器及高級電子產品。我們在電子材料行買到的 LCD，其背面含有控制電路，其上面有專門的晶片來完成 LCD 的動作控制，在自行設計的介面中，只要送入適當的命令碼和顯示的資料，LCD 便會將其字元顯示出來，在程式控制上非常方便。本章將介紹 ESP32 如何控制 LCD 顯示資料。

5-1 LCD 介紹

小尺寸 LCD 可以分為兩型，一種是文字模式 LCD，另一種為繪圖模式 LCD。市面上有各個不同廠牌的文字顯示型 LCD，仔細的查看一下，我們可以發現大部份的控制器皆是使用同一顆晶片來做控制，編號為 HD44780A，一般它提供有以下幾種顯示類型：

■ 16 字 ×1 列

■ 16 字 ×2 列

■ 20 字 ×2 列

■ 24 字 ×2 列

■ 40 字 ×2 列

LCD 特性

1. +5V 供電，亮度可調整。

2. 內藏振盪電路，系統內含重置電路。

3. 提供各種控制命令，如清除顯示器、字元閃爍、游標閃爍、顯示移位等多種功能。

4. 顯示用資料 RAM 共有 80 個位元組。

5. 字元產生器 ROM 有 160 個 5x7 點矩陣字型。

6. 字元產生器 RAM 可由使用者自行定義 8 個 5x7 的點矩陣字型。

接腳說明

　　圖 5-1 是一般實驗用 LCD 實體照相圖，市售的 LCD 均有統一的接腳，值得注意的是其他廠牌的 LCD 接腳圖第 1、2 支接腳可能有別，有的第 1 支腳接 +5V，有的第 1 支腳卻是接地，使用者在購買 LCD 時最好能拿到原廠的接腳圖，確認一下，較有保障。

圖 5-1　LCD 實體圖及接腳圖

　　其接腳功能說明如下：

- d0 ～ d7：雙向的資料匯流排，LCD 資料讀寫方式可以分為 8 位元及 4 位元 2 種，以 8 位元資料進行讀寫 d0 ～ d7 皆有效，若以 4 位元方式進行讀寫，則只用到 d7 ～ d4。

- RS：暫存器選擇控制線，當 RS=0 時，並且做寫入的動作時，可以寫入指令暫存器，若 RS=0，且做讀取的動作，可以讀取忙碌旗號及地址計數器的內容。如果 RS=1 則為讀寫資料暫存器用。

- R/W：LCD 讀寫控制線，R/W=0 時，LCD 執行寫入的動作，R/W=1 時做讀取的動作。

- EN：致能控制線，高電位動作。

- VCC：電源正端。

- VO：亮度調整電壓輸入控制接腳，當輸入 0V 時字元顯示最亮。

- GND：電源地端。

圖 5-2 是另一款橫排接腳 LCD 實體圖及腳位拍照。標明不同之接腳功能如下：

- VSS：電源地端。

- VDD：電源正端。

- A：背光電源正端，接一 300 歐姆電阻到 +5V。

- K：背光電源地端。

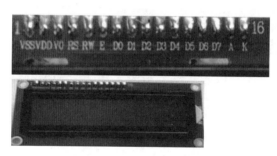

圖 5-2　LCD 橫排接腳實體圖

5-2　LCD 介面設計

LCD 介面設計可以分為 8 位元、4 位元、I2C 介面的方式做控制。傳統的控制方式是用 8 位元 d0 ～ d7 資料線來傳送控制命令及資料，而 4 位元控制方式是使用 d4 ～ d7 資料線來傳送控制命令及資料，如此一來控制器（如 UNO）使用的輸出控制線便可以減少了，省下來的控制線可以做其他硬體的設計。使用 4 位元資料線做控制時需分兩次來傳送，先送出高 4 位元資料，再送出低 4 位元資料。圖 5-3 為 4 位元控制電路，傳統 UNO 可以 6 條輸出控制線來做控制。

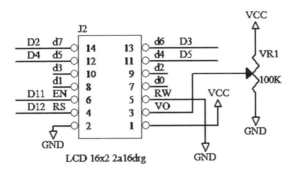

圖 5-3 Arduino UNO 控制 LCD 電路設計

控制信號説明如下：

■ R/W LCD 讀寫控制線：直接接地，由於 R/W=0 時，LCD 執行寫入的動作，R/W=1 時則做讀取的動作。因此簡化設計後，則無法對 LCD 做讀取的動作。所有控制資料的寫入需加入適當的延遲，以配合 LCD 內部控制信號的執行。

■ RS 暫存器選擇控制線：當 RS=0 時，可以寫入指令暫存器，如果 RS=1 則為寫入資料暫存器用。

■ EN 致能控制線：高電位動作，高電位時 LCD 動作致能有效。

■ VO 亮度調整控制接腳：直接接地，使字元顯示最亮。接可變電阻可以調整背光的亮度。

■ d0 ～ d7 雙向的資料匯流排：LCD 資料讀寫方式以 4 位元方式進行寫入，只用到 d7 ～ d4。

本書 ESP32 控制 LCD 介面，使用 I2C 介面的方式做控制，使用 2 線做通訊，一來方便接線實驗，二來 ESP32 省下更多 IO 腳位做其他應用。I2C（Inter-Integrated Circuit）是一種兩線串列式通訊方式，可用於單晶片及其周邊設備的連接。I2C 傳輸有兩條線，一條稱為 SDA（serial data），用來傳送資料，另一條稱為 SCL（serial clock），用來傳送同步運作脈衝訊號。使用 I2C 通訊的設備必須連接到 SDA 和 SCL 稱為 I2C 介面，此介面可以連接多組裝置，每個裝置都有一個不同的地址，做為識別用途，完成多組裝置、晶片之間的通訊。

　　圖 5-4 實驗用 LCD 及背面拍照，2 列顯示，一列可以顯示 16 字元。有背光控制，背面短路座是背光電源控制，接上啟動供電。可變電阻用來調整背光對比效果，使字元顯示較清晰。

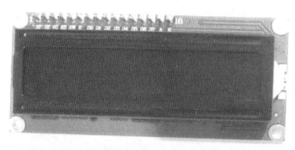

圖 5-4　實驗用 LCD 及背面拍照

5-3　LCD 顯示器測試

　　程式執行需先安裝程式庫，在 Arduino 功能表中點選，草稿碼 / 匯入程式庫 / 管理程式庫。在搜尋框輸入「LiquidCrystal_I2C」，下方出現相關程式庫，請參考圖 5-5，第一次使用，請先安裝。

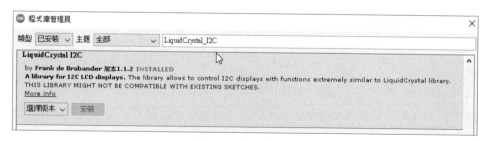

圖 5-5　安裝程式庫

LCD I2C 介面控制常用指令如下：

■ #include<LiquidCrystal_I2C.h>：引用程式庫。

■ LiquidCrystal_I2C lcd(0x27,16,2)：LCD I2C 介面，使用 2 行 16 字元模式。

■ lcd.init()：初始化 LCD 介面。

■ lcd.backlight()：啟動背光。

■ lcd.clear()：清除螢幕。

■ lcd.setCursor(0,0)：設定游標於第一列起始位置。

■ lcd.print("Victor LaB")：顯示資料。

LCD(1602) 識別地址為 0x27，此介面可以連接多組裝置。

實驗目的

以 I2C 介面的方式控制，測試 LCD 基本顯示功能。

實驗電路

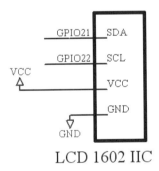

圖 5-6　LCD 實驗電路

功　能

執行後，LCD 顯示幕出現。實驗提醒，連線電腦 PC USB 介面下載程式時，LCD 5V 電源需要另外供電，否則可能遇到 ESP32 耗電負載問題，程式無法下載、執行。

圖 5-7　LCD 顯示測試

📟 程式 lcd.ino

```
#include <LiquidCrystal_I2C.h> // 引用程式庫
LiquidCrystal_I2C lcd(0x27,16,2);//lcd I2C 介面，使用 2 行 16 字元模式
void setup()// 初始化設定
{
  lcd.init();     // 初始化 lcd 介面
  lcd.backlight();// 啟動背光
  lcd.clear();// 清除螢幕
  lcd.setCursor(0,0); // 設定游標於第一列起始位置
  lcd.print("Victor LaB......"); // 顯示資料
  lcd.setCursor(0,1); // 設定游標於第二列起始位置
  lcd.print("LCD TEST........"); // 顯示資料
}
void loop(){}
```

5-4 自創 LCD 字型

LCD 內部記憶體分為 3 種：

■ CG（Character Generator）ROM：儲存固定字型記憶體。

■ DD（Data Display）RAM：儲存顯示記憶體。

■ CG（Character Generator）RAM：儲存使用者定義的字型。

在 LCD 內部記憶體有 CG RAM 的位置，用來儲存使用者自行定義的字型，共可以儲存 8 個字，而每一個字的大小為 5x8 點矩陣，而顯示碼的編號為 00H 到 07H，例如要將編號 0 的字顯示出來，只要將 00H 寫到 DD RAM（顯示記憶體），則會將 CG RAM 內位址 00H ～ 07H 所存放的字型顯示在 LCD 上，同理將 01H 寫入 DD RAM 內則會取用 CG RAM 位址 08H ～ 0FH 內的字型做顯示，餘此類推。

至於怎麼自己創造字型呢？可以在一 5x8 的方格內填入自己的字型，例如要顯示 "ㄅ" 字，如圖 5-8 所示，可以將此造型轉換為 8 個位元組的資料而存在一個陣列內：

```
byte pat[8]={0x04, 0x08, 0x1f, 0x01, 0x01, 0x09, 0x06, 0x00};
```

其中每個位元組的最高 3 個位元未使用到，可以填為 "0"，有用到的點填 "1"，否則填 "0"。

LCD 控制自創字型，函數使用如下：

```
lcd.createChar(字型編號 , 字型資料); // 填入特殊字型資料
lcd.write(字型編號); // 顯示該字型
```

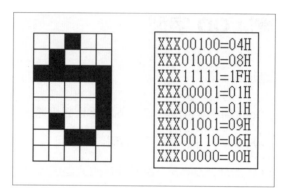

圖 5-8　"ㄅ"字型資料設計

實驗目的

以 I2C 介面的方式控制，測試 LCD 自創字型顯示功能。

功　　能

控制 LCD 顯示自創字型。執行後，LCD 顯示特殊字型。

圖 5-9　LCD 顯示特殊字型測試

程式 lcdi2f.ino

```
#include <LiquidCrystal_I2C.h>    // 引用 LCD 程式庫
LiquidCrystal_I2C lcd(0x27,16,2);// 設定 LCD 顯示字數
// 字型資料設計
byte LCD_PAT[]= {0x04, 0x08, 0x1F, 0x01, 0x01, 0x09, 0x06, 0x00};
byte LCD_PAT1[]={0x0A, 0x0B, 0x3C, 0x09, 0x09, 0x0B, 0x0C, 0x0B};
byte LCD_PAT2[]={0x10, 0x1f, 0x02, 0x0f, 0x0a, 0x1f, 0x02, 0x00};
byte LCD_PAT3[]={0x33, 0x0B, 0x3C, 0x05, 0x09, 0x07, 0x09, 0x08};
byte LCD_PAT4[]={0x0B, 0x0A, 0x3C, 0x01, 0x01, 0x04, 0x03, 0x02};
byte LCD_PAT5[]={0x0C, 0x0B, 0x3A, 0x03, 0x02, 0x04, 0x0C, 0x0B};
byte LCD_PAT6[]={0x0D, 0x0C, 0x3B, 0x05, 0x03, 0x05, 0x03, 0x02};
byte LCD_PAT7[]={0x0A, 0x0D, 0x3C, 0x07, 0x04, 0x05, 0x0C, 0x0B};
void setup() {   // 初始化設定
  lcd.init();     //LCD 初始化
  lcd.backlight();// 設定背光
  lcd.clear();    // 清除螢幕
  delay(100);
  lcd.setCursor(0,0); // 設定游標於第一列起始位置
  lcd.print("Victor LaB......");
  lcd.setCursor(0,1); // 設定游標於第二列起始位置
  lcd.print("LCD TEST........");
  delay(1000);
// 填入特殊字型資料
  lcd.createChar(0, LCD_PAT);
  lcd.createChar(1, LCD_PAT1);
  lcd.createChar(2, LCD_PAT2);
  lcd.createChar(3, LCD_PAT3);
  lcd.createChar(4, LCD_PAT4);
  lcd.createChar(5, LCD_PAT5);
  lcd.createChar(6, LCD_PAT6);
  lcd.createChar(7, LCD_PAT7);
  lcd.setCursor(0, 1); // 設定游標於第二列起始位置
  for(int i=0; i<8; i++) // 顯示特殊字型
   lcd.write(i);
}
void loop(){}
```

5-5 LCD 倒數計時器

本節將利用 ESP32 結合 LCD 顯示器，設計一個簡易的倒數計數器，可以放在家中使用，例如煮泡麵，煮開水，小睡片刻，做一小段時間計時。當倒數計時為

0 時則發出嗶聲提示,通知倒數終了,該做些重要的事了。本實驗可以學習計時器時間計時處理、LCD 顯示的設計方法。

Arduino 倒數計時器程式設計,使用 millis() 函數,用來判斷是否過了 1 秒鐘,millis() 函數執行後會傳回開始執行到目前所經過的時間,單位是毫秒 (mS),只要執行過 1000 次,表示過了 1 秒鐘,程式可以設計如下:

```
unsigned long ti=0;
while(1)// 迴圈
  {
if(millis()-ti>=1000)   // 過了 1 秒鐘
  {
   ti=millis();  // 記錄舊的時間計數
   show_tdo();  // 更新倒數時間顯示資料
   }
  }
```

時間過了 1 秒鐘後,要做工作是更新倒數時分資料,並判斷時分資料是否為 0,若為 0 時則發出嗶聲提示。嗶聲中同時偵測觸控操作,若有觸控,重新設定倒數計時時間為 5 分鐘。

實驗目的

以 I2C 介面的方式控制,設計 LCD 倒數計時器。

實驗電路

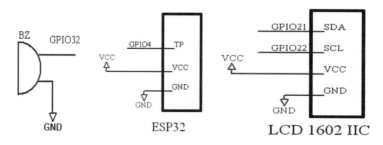

圖 5-10　倒數計時器實驗電路

功 能

倒數計數器的基本功能如下：

■ 使用文字型 LCD(16X2) 來顯示目前倒數的時間。

■ 顯示格式為 "分分：秒秒"。

■ 當計時為 0 時則發出嗶聲。

■ 當計時為 0，觸控重新設定倒數計時 5 分鐘。

■ 重置後內定倒數計時時間為 5 分鐘。

　　倒數計時器執行結果請參考圖 5-11。打開串列監控視窗，也可以看見倒數的時間。

圖 5-11　LCD 顯示倒數計時

圖 5-12　監控視窗顯示倒數計時時間

💻 程式 tdo1.ino

```
#include <LiquidCrystal_I2C.h> // 引用 LCD 程式庫
LiquidCrystal_I2C lcd(0x27,16,2);
int led =2;   // 設定 LED 腳位
int tp=4; // 觸控點
int bz=32; // 倒數初值
int mm=5, ss=10; // 倒數初值
unsigned long ti=0; // 時間變數
void setup()// 初始化設定
{
  lcd.init();
  lcd.backlight();
  lcd.clear();
  lcd.setCursor(0,0);
  lcd.print("ESP32 TDO");
  lcd.setCursor(0,1);
  lcd.print(".................");
  Serial.begin(115200); Serial.println("TDO TEST");
  pinMode(led, OUTPUT);
  pinMode(bz, OUTPUT); digitalWrite(bz, LOW);
  led_bl();be();  show_tdo();
```

```
}
//----------------------------------
void led_bl() //LED 閃動
{
int i;
 for(i=0; i<2; i++)
  {
   digitalWrite(led, HIGH); delay(50);
   digitalWrite(led, LOW); delay(50);
  }
}
//----------------------
void be() // 發出嗶聲
{
int i;
 for(i=0; i<100; i++)
  {
   digitalWrite(bz, HIGH); delay(1);
   digitalWrite(bz, LOW); delay(1);
  }
}
//-----------------
void show_tdo() // 顯示倒數資料
{
int c;
 c=(mm/10);  lcd.setCursor(0,1);lcd.print(c);
 c=(mm%10);  lcd.setCursor(1,1);lcd.print(c);
   lcd.setCursor(2,1);lcd.print(":");
 c=(ss/10);  lcd.setCursor(3,1);lcd.print(c);
 c=(ss%10);  lcd.setCursor(4,1);lcd.print(c);
}
//-------------------------
void loop()// 主程式迴圈
{
 if(millis()-ti>=1000) // 過了 1 秒鐘
   {   Serial.print(mm); Serial.print(':');
       Serial.println(ss);
       ti=millis();  // 過了 1 秒鐘
       show_tdo();// 顯示倒數資料
       if ( (ss==1) && (mm==0) ) // 判斷倒數時間到了？
        while(1)
          {be(); // 嗶聲
```

```
if(touchRead(tp)<=30)  // 若有觸控，重新設定倒數時間 5 分鐘
 {
  digitalWrite(led,1); delay(200);
  led_bl(); mm=5; ss=1; show_tdo(); break;
 }
        }
      ss--;  if(ss==0)  { mm--; ss=59; }
  }// 1 sec
}
```

5-7　習題

1. 修改控制程式使 LCD 顯示個人學號及生日。

2. 說明以 IIC 控制方式存取 LCD 介面的原理。

3. 何謂 LCD CG（Character Generator）ROM，DD（Data Display）RAM ？

06

類比至數位轉換介面

類比至數位轉換器，簡稱 ADC（Analog-Digital Converter）是將連續類比信號轉換為數位信號的元件，一般外界的物理量像電流、位移、溫度、壓力、重量、聲音等均可以經過感知器介面處理而轉換為類比的電壓，屬於類比信號，經過 ADC 介面做信號轉換成為數位信號後，方能由電腦端做資料的儲存或是運算處理。本章介紹 ESP32 如何來做類比至數位轉換處理。

6-1 類比至數位轉換應用

ADC 介面一般用在數位介面或微電腦的介面輸入控制上，典型的應用有以下幾種：

■ 自動電壓，電流量測。

■ 數位電表。

■ 數位示波器。

■ 溫度量測。

■ 電子秤設計。

■ 聲音數位化錄音。

■ 影像數位化錄影。

其中後二項在電腦多媒體的應用尤其重要，像音效卡即內含有聲音錄音的 ADC 介面，而影像數位化錄影則需有影像數位化轉換的 ADC 處理晶片，由於影像信號頻寬相當高，因此用在影像處理的 ADC 晶片其轉換速度只須幾十奈秒（ns），相對的價格昂貴。

圖 6-1 是一般 ADC 的組成架構圖，外界的物理量像聲音，經過麥克風的感知器拾取微弱的信號變化後，送至小信號放大器將微弱信號提升至一定的位準後，而送至 ADC 晶片做信號轉換，所輸出的數位信號再經數位介面讀入電腦做進一步的分析及處理。

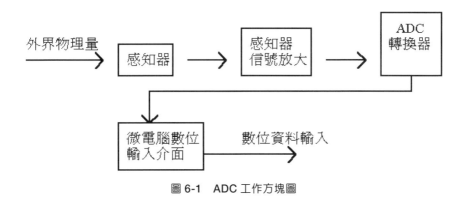

圖 6-1　ADC 工作方塊圖

在實作上，微電腦數位輸入介面過去使用 PC 或是單晶片做控制，本章介紹 ESP32 內建 ADC 介面，可以簡化電路設計。

6-2　ESP32 類比至數位轉換

ESP32 控制模組上，提供有多組類比輸入接腳，內建 12 位元 ADC 介面，可將輸入的類比電壓 0 ～ 3.3V 轉換為 0 ～ 4095（2 的 12 次方）數位資料供處理，其中解析度計算如下：

3.3V/4095=4.88mV

在程式設計方面，提供函數 analogRead（控制腳位）來讀取類比輸入電壓，可以簡化程式設計。若輸入電壓為 v，經過 ADC 轉換為數值 c，二者的關係如下：

v=(c/4095)x3.3

在 C 的程式設計中可以以下程式來完成：

```
v=( (float)c/4095.0)* 3.3;
```

實驗目的

讀取由可變電阻產生的直流電壓轉換的數位變化值。

實驗電路

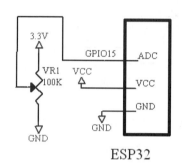

圖 6-2　ESP32 讀取輸入電壓

功　　能

請參考圖 6-2 電路，讀取可變電阻產生的直流電壓變化，最大電壓為 3.3V，最小電壓為 0V，並將數位讀值及轉換電壓傳回 PC 顯示在螢幕上。

COM7	— □ ×
	傳送

```
2139 | 1.7v
2516 | 2.0v
2799 | 2.3v
3184 | 2.6v
3337 | 2.7v
3437 | 2.8v
3504 | 2.8v
3456 | 2.8v
3520 | 2.8v
```

圖 6-3　PC 端顯示輸入電壓及轉換值

💻 程式 ADC.ino

```
int ad=15; // 設定類比輸入接腳為GPIO15
int adc; // 設定類比輸入變數
//-----------------------------------
void setup()// 初始化設定
{
  Serial.begin(115200);   // 初始化通訊介面
}
//-----------------------------------
void loop()   // 主程式迴圈
{
float v;
  Serial.print("adc test : "); // 由串列介面送出執行訊息
  while(1) // 無窮迴圈
  {
   adc=analogRead(ad);   // 讀取資料
   Serial.print(adc); // 將數值由串列介面送出
Serial.print(" | ");
   v=( (float)adc/4095.0)* 3.3;// 計算轉換電壓
   Serial.print(v,1);
   Serial.print('v');
   Serial.println();
   delay(1000); // 延遲 1 秒
  }
}
```

6-3 } LCD 電壓表

　　前面介紹過 LCD 顯示功能，本節結合 ADC 轉換介面及 LCD 顯示功能，讀取外部直流電壓輸入，直接顯示在 LCD 上當作電壓表。輸入的類比電壓範圍為 0 ～ 3.3V，可以用來測試數位電路、電池電壓量測，或是測試舊電池電壓是否過低不能使用。

實驗目的

設計一套 LCD 電壓表，可以顯示電壓範圍為 0 ～ 3.3V。

實驗電路

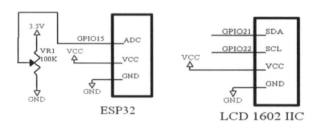

圖 6-4　電壓表實驗電路

實驗提醒，連線電腦 PC USB 介面下載程式時，LCD 5 V 電源需要另外供電，否則可能遇到 ESP32 耗電負載問題，程式無法下載、執行。

功　能

請參考圖 6-4 電路，調整可變電阻，使輸入端的直流電壓產生變化，將 ADC 轉換數值及電壓顯示在 LCD 上。

圖 6-5　LCD 電壓表顯示

程式 ADCL.ino

```cpp
#include <LiquidCrystal_I2C.h>
LiquidCrystal_I2C lcd(0x27,16,2);
int ad=15; // 設定類比輸入接腳為 GPIO15
int adc; // 設定類比輸入變數
//----------
void setup() { // 初始化設定
  lcd.init();
  lcd.backlight();
  Serial.begin(115200);
}
//----------------------------------
void loop()   // 主程式迴圈
{
float v;
  Serial.print("adc test : ");
  lcd.setCursor(0, 0);lcd.print("ESP i/p volt:");
while(1)
  {
  adc=analogRead(ad); // 讀取類比輸入
  lcd.setCursor(0, 1);lcd.print("      ");
  lcd.setCursor(0, 1);lcd.print(adc);
  Serial.print(adc); Serial.print(' ');
  v=( (float)adc/4095.0)* 3.3; // 計算轉換電壓
  lcd.setCursor(12, 0);// 設定 LCD 第一行游標位置
  lcd.print(v,1); // 顯示轉換電壓
  lcd.setCursor(15, 0);
  lcd.print('v');
  delay(500);
  }
}
```

6-4 光敏電阻控制 LED

　　光敏電阻是以材料硫化鎘（CdS）製成的感光用元件，用在自動化測試光源的場合，例如光控防盜、照度計、數位相機、智慧型互動式玩具、路燈自動點亮照明上。市面上電子材料行內，可以買到各式各樣不同半徑大小的光敏電阻來做

實驗，圖 6-6 是實驗用的光敏電阻照相。其共同特性是其兩端的電阻值會隨著亮度增強時，電阻值下降，當全黑時，其內阻可以很高達數百 K 歐姆，有些內阻很高接近斷路，但是只要偵測到光源時，其內阻會立即下降。

圖 6-6　實驗用光敏電阻

實驗目的

設計一個控制及 LCD 電路，在輸入端連接有光敏電阻，即時顯示轉換的數位變化值，天黑時自動點亮 LED 燈。

電　路　圖

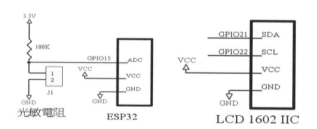

圖 6-7　光敏電阻實驗電路

功　　能

在 ADC 輸入端連接有光敏電阻，程式執行後 LCD 會顯示 ADC 的轉換數值資料，觀察以下實驗結果：

1. 當光敏電阻放置於一般亮度時，觀察 LCD 顯示變化，轉換數值約 1200。
2. 以手慢慢遮住光敏電阻，觀察 LCD 顯示變化結果，轉換數值漸漸增加。
3. 手慢慢遮住光敏電阻模擬天黑時，可以自動點亮 LED 燈照明用。

💻 程式 ADC_CDS.ino

```
#include <LiquidCrystal_I2C.h>
LiquidCrystal_I2C lcd(0x27,16,2);
int ad=15;   // 設定類比輸入腳位 GPIO15
int adc; // 設定類比變數
int led =2; // 設定 LED 腳位
//----------------------------------
void setup() {// 初始化設定
  lcd.init();
  lcd.backlight();
  Serial.begin(115200);
  pinMode(led, OUTPUT);
  digitalWrite(led, LOW);
}
//---------------------------------
void loop()// 主程式迴圈
{
float v;
  Serial.print("adc test : ");
 lcd.setCursor(0, 0);lcd.print("ESP i/p volt:");
 while(1)
  {
   adc=analogRead(ad); // 讀取類比輸入
   lcd.setCursor(0, 1);lcd.print("      ");
   lcd.setCursor(0, 1);lcd.print(adc);
   Serial.print(adc); Serial.print(' ');
   v=( (float)adc/4095.0)* 3.3; // 計算轉換電壓
   lcd.setCursor(12, 0); // 設定 LCD 第一行游標位置
   lcd.print(v,1); // 顯示轉換電壓
   lcd.setCursor(15, 0);
   lcd.print('v');
// 模擬天黑時，轉換數值 >2000 點亮 LED，平時一般照明 1200
   if(adc>2000) digitalWrite(led, HIGH);
else digitalWrite(led, LOW);
   delay(500);
  }
}
```

6-5 習題

1. 何謂類比至數位轉換器，簡稱 ADC？

2. 列舉 ADC 典型的應用 3 種。

3. ESP32 若讀取數位資料值為 C，實際量測電壓值為 V，二者的關係為何？

4. 設計程式當類比輸入讀值為 2.5V 時，壓電喇叭嗶一聲。

07

CHAPTER

數位至類比轉換
介面

數位至類比轉換器，簡稱 DAC（Digital-Analog Converter）是將數位信號轉換成連續的類比信號的元件，輸入數位控制信號，可以輸出可變的電壓。輸出的類比電壓，可以用三用電表來量測，上一章我們介紹過 ADC 的功能，可以利用它來做自動量測，將結果顯示在 LCD 上。本章介紹 ESP32 如何來做數位至類比轉換實驗，輸出可變電壓推動 LED 顯示不同的亮度。

7-1 數位至類比轉換應用

數位至類比轉換器 DAC 是將數位信號轉換成連續的類比信號的元件，一般用在數位介面或微處理機的介面輸出控制上，典型的應用有以下幾種：

■ 數位雷射唱盤 CD 的放音轉換。

■ 電腦 VGA 介面卡中的顯像輸出轉換電路。

■ 直流馬達速度控制。

■ 數位式電源供給器。

■ 任意波形產生器。

■ 電腦合成樂器控制。

■ FM 音源器的輸出轉換。

■ 電腦數位放音控制。

其中的電腦數位放音在許多的較新型的電子產品中都可以看到，幾乎任何的產品需要語音提示的場合，皆可派上用場，熟悉此控制介面技巧將可以在自行設計的產品中加入語音的功能，提升產品的附加價值。

圖 7-1 是一般 DAC 介面的組成架構，由電腦送出的數位資料經由並列輸出介面將數值信號栓鎖在 DAC 控制晶片上，再經由 DAC 做數位至類比信號轉換，最後輸出相對的類比信號。在實作上以前微電腦介面可以使用 PC 或是單晶片做控制，而並列數位輸出控制可以採用以下幾種方式：

■ 使用輸出栓鎖器,如 74LS374。

■ 8255 輸出。

■ 直接由單晶片 I/O 來控制。

圖 7-1　一般 DAC 介面組成架構

在實作上,微電腦數位輸出介面過去使用 PC 或是單晶片做控制,本章介紹 ESP32 內建 DAC 介面,可以簡化電路設計。

7-2 ESP32 數位至類比轉換控制

ESP32 數位至類比轉換控制,使用如下指令:

```
dacWrite( 輸出腳位 , 數位值 );
```

第一個參數是輸出腳位,設定 dac 輸出腳位,ESP32 有 2 組 dac,可供應用,分別為 GPIO25、GPIO26 2 組。第二個參數設定要輸出的電壓的數位值,數位值介於 0 ～ 255 之間,輸出電壓 Vo 與數位輸出值關係如下:

Vo = 3.3v x (數位輸出值/255)

當數位值為 255,執行 dacWrite(25,255) 指令後,由 GPIO 25 腳位輸出 3.3V。當數位值為 128,執行 dacWrite(25,128) 指令後,輸出 1.65V。當數位值為 0,執行 dacWrite(25,0) 指令後,輸出 0V。可以用三用電錶進行量測,測試實驗結果。

7-3 量測輸出電壓

　　我們以實驗來驗證其輸出電壓的準確性，送出不同準位的數位控制信號，轉換出不同輸出電壓，延遲 1 秒後再送出下組信號，迴圈持續輸出轉換電壓。

實驗目的

由 ESP32 控制輸出類比電壓。

實驗電路

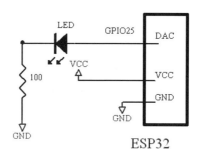

圖 7-2　dac 腳位輸出不同電壓值

功　　能

DAC 腳位輸出不同電壓值，程式送出數值 255、128、0 不同準位的控制信號，以三用電表量測實際的輸出電壓值變化，並觀察 LED 亮度變化。實際量測結果如下：

■　當數位值為 255，執行 dacWrite(25,255) 指令後，由 GPIO 25 腳位輸出 3.3V。

■　當數位值為 128，執行 dacWrite(25,128) 指令後，腳位輸出 1.65V。

■　當數位值為 0，執行 dacWrite(25,0) 指令後，腳位輸出 0V。

實際量測結果：

■ 255 值，量測到 3.17V。

■ 128 值，量測到 1.67V。

■ 0 值，量測到 0.09V。

程式 dac_vo.ino

```
int led=25;   // 設定 LED 腳位
void setup(){}
void loop() // 主程式迴圈
{
 dacWrite (led,255);   // 送出最高準位
 delay(1000);          // 延遲 1 秒
 dacWrite (led,128);   // 送出中間準位
 delay(1000);          // 延遲 1 秒
 dacWrite (led,0);     // 送出最低準位
 delay(1000);          // 延遲 1 秒
}
```

輸出的類比電壓，可以用三用電表來量測，在上一章中，我們看過 ADC 的功能，可以將輸入類比電壓轉換成數位資料，也可以計算、顯示電壓值，可以利用它來做自動量測，將結果顯示在 LCD 上。自動量測電壓程序如下：

■ 輸出特定電壓。

■ 迴圈讀取 ADC 資料。

■ 計算電壓值。

■ LCD 顯示出量測結果。

實驗程式中，送出數值 128，輸出測試電壓 1.6V，將腳位 GPIO25 輸出 DAC 信號，連接到腳位 GPIO15 ADC 輸入，進行自動量測實驗。

實驗電路

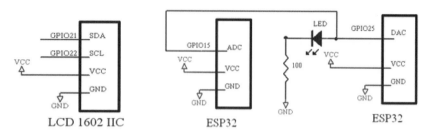

圖 7-3　dac 腳位輸出電壓，ADC 輸入進行自動量測

程式 dac_ip_lcd.ino

```
#include <LiquidCrystal_I2C.h>
LiquidCrystal_I2C lcd(0x27,16,2);
int ad=15; // 設定類比輸入接腳為 GPIO15
int adc; // 設定類比輸入變數
int dac=25;　// 設定 dac 腳位
//----------
void setup() { // 初始化設定
  lcd.init();
  lcd.backlight();
  Serial.begin(115200);
}
//-----------------------------------
void loop()　// 主程式迴圈
{
float v;
  Serial.print("adc test dac op: ");
  lcd.setCursor(0, 0);lcd.print("ESP i/p volt:");
  dacWrite(dac ,128); // 送出測試電壓　1.6V
while(1)
  {
  adc=analogRead(ad); // 讀取類比輸入
  lcd.setCursor(0, 1);lcd.print("      ");
  lcd.setCursor(0, 1);lcd.print(adc);
  Serial.print(adc); Serial.print(' ');
  v=( (float)adc/4095.0)* 3.3; // 計算轉換電壓
  lcd.setCursor(12, 0);// 設定 LCD 第一行游標位置
  lcd.print(v,1); // 顯示轉換電壓
  lcd.setCursor(15, 0);
  lcd.print('v');
```

```
   delay(500);
  }
}
```

7-4 可變電阻調整 LED 亮度

本節實驗以可變電阻來調整 LED 亮度，做一個簡單的數位調光器，第 6 章已經介紹過以類比輸入方式讀取可變電阻的轉動電壓變化值，讀值範圍介於 0 ～ 4095 之間，而類比輸出值介於 0 ～ 255 之間，可以使用 map() 函數去做對應調整，寫法如下：

```
輸出值 map ( 輸入值， 輸入範圍起始值，輸入範圍結束值，調整範圍起始值， 調整範圍結束值 );
```

程式設計如下：

```
vo=map(adc,0,4095, 0,254);
```

其中 adc 為可變電阻數位讀值，vo 為類比輸出值，將此值輸出到類比輸出腳位，便可以推動 LED 顯示不同的亮度。

實驗目的

調整可變電阻來調整 LED 亮度。

實驗電路

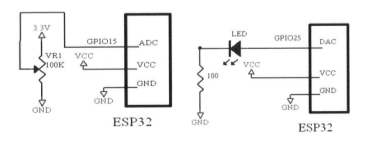

圖 7-4　可變電阻來調整 LED 亮度

功　能

可變電阻輸出接到 ADC 類比輸入腳位，LED 接到 DAC 類比輸出腳位，調整可變
電阻，數位讀值產生變化，經過對應調整後，輸出可變電壓到 LED，便可以調整
LED 的相對亮度。

程式 dac_vr_led.ino

```
int ad=15; // 設定類比輸入接腳為 A0
int led=25; // 設定 LED 接腳
int adc; // 設定類比輸入變數
int vo; // 設定輸出可變電壓變數
void setup()// 初始化設定
{
  pinMode(led, OUTPUT);
}
void loop()// 主程式迴圈
{
 adc=analogRead(ad);   // 讀取類比輸入
 vo=map(adc,0,4095, 0,254);   // 對應調整輸出可變電壓
 dacWrite(led,vo); // 輸出可變電壓到 LED
 delay(500); // 延遲 0.5 秒
}
```

7-5 習題

1. 何謂數位至類比轉換器？

2. 列舉 DAC 典型的應用 3 種。

3. 設計程式經由串列監控介面輸入 1、2、3 按鍵，控制 DAC 輸出 1、2、3V
   電壓。

08

動力驅動控制

　　實驗常用的動力驅動元件有小型直流馬達及伺服機，這兩種都是驅動玩具最常用的動力來源。本章是以遙控玩具店，市售標準的遙控伺服機來做實驗，此一裝置在無線電遙控飛機、遙控船上會用到，主要是介紹其內部結構及工作原理，並以 ESP32 介面來設計驅動程式，可以精確的控制伺服機、小型直流馬達動作。

8-1 直流馬達控制

　　一般小型直流馬達在做應用時，需要經過減速齒輪及轉換機構，才能實際控制傳動，例如常用的遙控車動力來源便是直流馬達，經過減速齒輪，連結到轉換機構，進而控制車輪轉動，使車體行進，圖 8-1 所示為實驗用小型直流馬達及齒輪箱，就是用來做遙控車實驗的零組件。在 17 章專題實驗中，有做手機遙控車實驗，還需用到相關機構。先介紹以 ESP32 介面來設計驅動程式，可以控制直流馬達轉動。

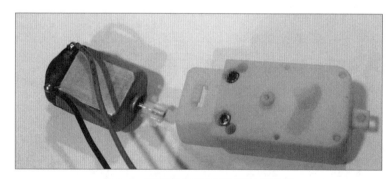

圖 8-1　實驗用小型直流馬達及齒輪箱

　　為了方便實驗測試，使用馬達控制模組，圖 8-2 為兩路馬達控制模組，可以同時控制輸出端兩路（A 組及 B 組）直流馬達動作，使用 9110S 晶片，工作電壓 3V ～ 12V，0.8 安培，適合小型遙控車馬達驅動使用，輸入為 6 支腳位控制，腳位如下：

■　VCC：電源。

■　GND：地線。

■　A-1A、A-1B：A 組馬達控制輸入。

■　B-1A、B-1B：B 組馬達控制輸入。

　　兩支腳位一支高電位、一支低電位，高低電位切換，可以小信號輸入，驅動馬達正反方向轉動，兩支腳位都輸入低電位則停止轉動。

圖 8-2　馬達控制模組

實驗目的

測試馬達正、反轉控制動作。

實驗電路

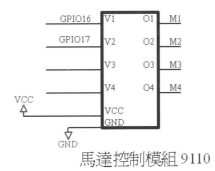

馬達控制模組 9110

圖 8-3　實驗電路

請參考實驗電路，由 GPIO16、17 控制 V1、V2 輸入數位信號，控制 M1、M2 馬達接線使馬達轉動。實驗提醒，連線電腦 PC USB 介面下載程式時，馬達控制模組 5V 電源，需要另外供電，否則可能遇到耗電負載問題，程式無法下載、執行。馬達無法轉動、抖動等問題。另外當連接線接觸不良時，馬達會亂轉，無法接受程式控制。

功　能

以 ESP32 送出數位信號到驅動模組，推動馬達正、反轉控制。串列介面指令控制如下：

- 數字 1：正轉 1 秒後停止。
- 數字 2：反轉 1 秒後停止。

　　圖 8-4 為實驗拍照，在 17 章專題實驗中，有做手機遙控車實驗，需要用到 2 組馬達機構，直接先拿來做實驗。避免連接線接觸不良，接點改以焊接方式進行，可以做較穩定的硬體實驗。

圖 8-4　實驗拍照

程式 t9110.ino

```
int m1=16; // 驅動腳位
int m2=17;
void setup() {
Serial.begin(115200);
pinMode(m1,OUTPUT);
pinMode(m2,OUTPUT);
stop();}
//-------------------------
void  stop() // 停止
{
digitalWrite(m1, 0);
digitalWrite(m2, 0);
}
//-----------------------------
void  go() // 正轉
{
digitalWrite(m1, 1);
digitalWrite(m2, 0);
delay(1000);
stop();
}
//-------------------------
void  back()// 反轉
{
digitalWrite(m1, 0);
digitalWrite(m2, 1);
delay(1000);
stop();
}
//-----------------------------
void loop() // 迴圈
{
if ( Serial.available() > 0)
    { char c=Serial.read();
       if(c=='1') { Serial.println(" 正轉 ..."); go(); }
       if(c=='2') { Serial.println(" 反轉…"); back(); }
} }
```

8-2 伺服機介紹

上節介紹馬達在做應用時，需要經過減速齒輪及轉換機構，才能驅動裝置，本節將介紹另一種機構驅動器伺服機，了解其工作原理後還可以有其他的應用，凡是需要拉動或是做簡易的機械式傳動機構設計，都有機會用到它。

伺服機用在遙控飛機或是遙控船上，作為方向變化控制及加減速控制用，伺服機的優點是扭力大可拉動較重的負荷，並且體積小、重量輕而且省電。圖 8-5 是傳統比例式遙控器接收機控制器及伺服機照相圖，一組接收機控制器可以同時控制多組伺服機動作。之所以稱為比例式遙控器，是因為手動遙控器的角度，可以同步控制伺服機正反轉，即正轉 90 度或是反轉 90 度。

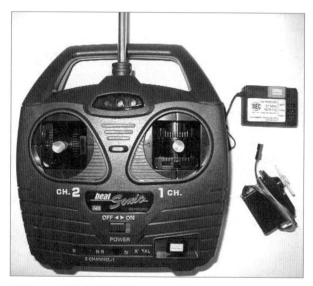

圖 8-5　傳統比例式遙控器發射遙控器、接收機及伺服機

一般在較大的遙控玩具店，都可以買到類似的伺服機。實驗用的伺服機廠牌為 FUTABA，編號為 S3003，圖 8-6a 為實體照相圖。SG90 則是相容產品，圖 8-6b 為其照相圖。S3003 產品規格如下：

- 轉速：0.23 秒 /60 度。

- 力距：3.2kg-cm。

- 大小：40.4x19.8x36mm。

- 重量：37.2g。

- 5V 電源供電。

圖 8-6a　實驗用的伺服機 S3003

圖 8-6b　實驗用的伺服機 SG90

8-3　伺服機控制方式

　　伺服機體積小，設計上採用特殊積體電路設計，在鬆開螺絲後小心將其零件分解，可以看到其內部零件，如圖 8-7 所示。圖 8-8 是其內部結構圖，可以分為以下幾部分：

- 控制晶片及電路。

- 小型直流馬達。

- 轉換齒輪。

- 旋轉軸。

- 迴授可變電阻。

　　有別於直流馬達開迴路控制，伺服機控制屬於閉迴路控制架構，以 PWM（Pulse-width modulation）調變脈衝控制信號來輸出類比電壓，控制晶片接收外部脈衝控制信號輸入，自動將脈衝寬度轉換為直流馬達正反轉的運轉模式，經由轉換齒輪驅動旋轉軸使伺服機可以隨著脈衝信號做等比例正轉或是反轉。當轉動至 90 度時，連動的可變電阻也轉至盡頭，由可變電阻的迴授電壓值（Vf），使得控制晶片可以偵測到馬達已轉至盡頭。迴授可變電阻的目的也可以使伺服機正確轉回到中間位置，因為此時的可變電阻的迴授電壓值正是二分之一。

圖 8-7　伺服機內部零件

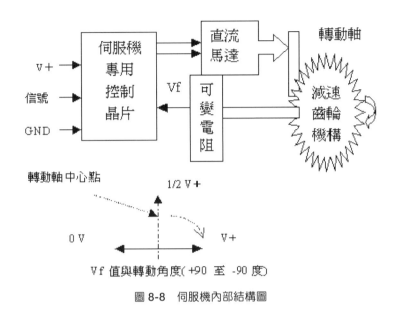

圖 8-8　伺服機內部結構圖

　　伺服機以 5V 電源便可以推動，控制方式是以脈波調變方式來控制。其外部 3 支接腳如下：

1. 黑色：GND 地線。

2. 紅色：5V 電源線（位置在中間）。

3. 白色：控制信號。

　　因此即使第 1 及第 3 支腳插反了，也不至於燒毀伺服機，因為輸入的控制信號線接地了，伺服機頂多不動作，算是種保護。

　　伺服機動作原理是以脈波調變方式來做控制，如圖 8-9 所示，固定週期脈波寬度約 20mS，當送出以下的正脈波寬度時，可以得到不同的控制效果：

■　正脈波寬度為 0.3mS 時，伺服機會正轉。

■　正脈波寬度為 2.5mS 時，伺服機會反轉。

■　正脈波寬度為 1.3mS 時，伺服機會回到中點。

其他廠牌的伺服機動作調變方式應該類似。

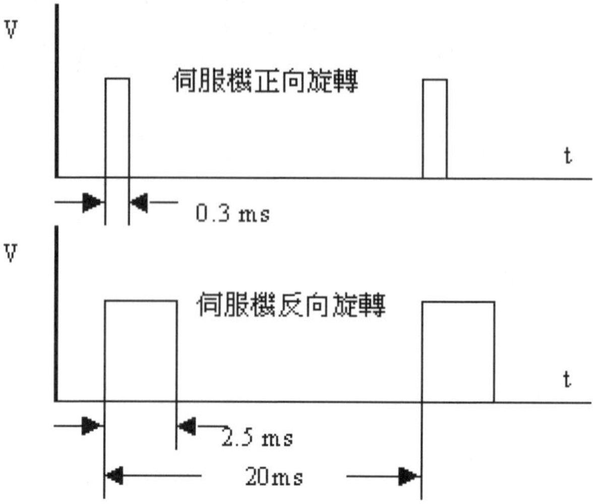

圖 8-9　伺服機動作是以脈波寬度調變方式做控制

　　一般玩具遙控模型店中所購得的標準伺服機，只能轉動 180 度，即正轉 90 度，反轉 90 度及回到中間點位置。由實驗時送出不同的控制脈波時，伺服機便會正轉或反轉，若以示波器連接其輸出接點可以看到其控制脈波信號。當伺服機轉動時，以手指接觸旋轉臂時，可以發現其扭力相當大，即使刻意想去抓住旋轉臂也很困難。相信由實驗結果，讀者對伺服機的控制有更深的印象。

8-4 伺服機控制實驗

　　程式執行需先安裝程式庫，在 Arduino 功能表中點選，草稿碼 / 匯入程式庫 / 管理程式庫。在搜尋框輸入「ServoESP32」，下方出現相關程式庫，請參考圖 8-10，第一次使用，請先安裝。

程式庫管理員 ✕

類型 全部 ▾ 主題 全部 ▾ ServoESP32

ServoESP32
by Jaroslav Paral
Generate RC servo signal on a selected pins with ESP32 device and Arduino framework.
More info

版本1.0.3 ▾ 安裝

圖 8-10 安裝程式庫

伺服機控制基本程式設計如下：

```
#include <Servo.h>  //引用伺服機程式庫
Servo servo1 ;        //宣告伺服機物件
servo1.attach(腳位);  //設定連接伺服機腳位
servo1.write(角度);  //控制伺服機轉動某角度
delay(時間);          //延遲
```

其中腳位必須能提供 PWM 信號的接腳。標準型伺服機角度是 0 ～ 180 度，若是轉動 360 度的伺服機，正反轉控制如下：

```
servo1.write(0);  //正轉
servo1.write(180);// 反轉
```

使用內建函數可以輕易控制多顆伺服機轉動特定角度，若搭配適合的傳動機構設計，應用範圍相當廣泛。

実驗目的

驗證以 PWM 信號推動伺服機轉動。

実驗電路

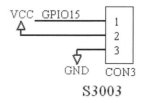

圖 8-11 伺服機控制電路

GPIO15 接腳送出脈波驅動信號來做控制，經由 3 PIN 連接座與伺服機相連。實驗提醒，連線電腦 PC USB 介面下載程式時，伺服機 5V 電源需要另外供電，否則可能遇到耗電負載問題，程式無法下載、執行。伺服機無法轉動、抖動等問題。

功　能

以 ESP32 送出 PWM 信號，直接推動伺服機轉動。伺服機先轉動 90 度，回到中點待機，準備接收串列介面指令。指令控制如下：

■　數字 1：伺服機全速轉動 0 度。

■　數字 2：伺服機全速轉動 90 度。

■　數字 3：伺服機全速轉動 180 度。

■　數字 4：伺服機轉動由 180 度轉到 90 度，中間延遲 20ms。

圖 8-12　實驗拍照

程式 tser.ino

```
#include <Servo.h>// 引用伺服機程式庫
Servo servo1; // 宣告伺服機物件
int s1=15; // 腳位
void setup() {// 初始化
Serial.begin(115200);
servo1.attach(s1);
servo1.write(90);
}
//--------------------
void loop()  // 主程式迴圈
{
if ( Serial.available() > 0) // 有串列介面指令進入
    { char c=Serial.read();
      if(c=='1') { Serial.println("servo 0..."); servo1.write(0); }
      if(c=='2') { Serial.println("servo 90..."); servo1.write(90); }
      if(c=='3') { Serial.println("servo 180..."); servo1.write(180); }
      if(c=='4') { Serial.println("servo 180 to 90...");
        for(int i=180;  i>=90;  i--)
{ servo1.write(i);  delay(20);  }
      }
    }
}
```

8-5 習題

1. 說明伺服機的應用領域。

2. 何謂比例式遙控器。

3. 畫圖說明伺服機內部組成架構及工作原理。

4. 說明伺服機基本動作方式。

5. 說明小型直流馬達與伺服機的差別。

6. 修改控制程式，伺服機正轉 0 度到 180 度，每次增加 30 度。

Memo

09

紅外線遙控器實驗

CHAPTER

家中許多的電器產品，例如電視機、冷氣、音響、電風扇等家電產品，都是以紅外線遙控的方式來做控制，紅外線遙控器除了做特定家電的遙控外，還有許多的應用可以做開發及研究，本章將介紹如何以 ESP32 來做紅外線遙控器解碼實驗，並舉例做應用，可將傳統的裝置裝上遙控器，方便操作。

9-1 紅外線遙控應用

紅外線遙控是最低成本的人機介面互動遙控方式，在按鍵中有基本功能遙控，或是做較複雜的功能設定。可以快速的切換各種功能應用，或是由諸多功能選項中擇一來執行，紅外線遙控應用列舉如下：

■ 一般家電電視機、冷氣、音響、電風扇專用遙控器遙控家電。

■ 遙控玩具車、玩具機器人、互動寵物遙控。

■ 遙控電源、燈具應用。

■ 控制器的資料輸入。

■ 控制器各式功能切換設定。

■ 紅外線遙控投票表決器。

■ 互動寵物動作資料傳送。

■ 無線數據資料傳送。

■ 紅外線遙控器資料儲存再利用。

除了遙控的應用外，遙控器還可以做控制器的資料輸入，當控制器的硬體支援有限時，又要做數字資料輸入，便是遙控器派上用場的時候，有方便攜帶及控制簡單的優點。遙控器按鍵輸入應用時，控制端需要遙控器解碼功能，才能知道目前按下了哪一按鍵，作後續的相關應用。

9-2 紅外線遙控器動作原理

　　紅外線遙控器是以紅外線發光 LED，發射波長 940 nm 的紅外線不可見光來傳送信號。一般遙控器系統分為發射端及接收端兩部分，發射端經由紅外線發射 LED 送出紅外線控制信號，這些信號經由紅外線接收模組接收端接收進來，並對其控制信號做解碼而做相對的動作輸出，完成遙控的功能。圖 9-1 是紅外線發射 LED、紅外線接收模組的照相。

圖 9-1　紅外線發射 LED 及接收模組

　　圖 9-2 為紅外線發射器的工作方塊圖，當按下某一按鍵後，遙控器上的控制晶片（例如 8051）便進行編碼產生一組控制碼，結合載波電路的載波信號（在台灣一般使用 38KHz）而成為合成信號，經過放大器提升功率而推動紅外線發射二極體，將紅外線信號發射出去，所要發射的控制碼必須加上載波才能使信號傳送的距離加長，一般遙控器的有效距離為 7 公尺。

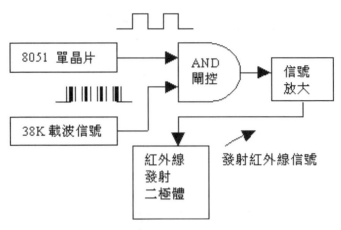

圖 9-2　紅外線發射器工作方塊圖

　　圖 9-3 為紅外線接收的工作方塊圖，其主要控制元件為紅外線接收模組，其內部含有高頻的濾波電路，專門用來濾除紅外線合成信號的載波信號（38KHz）而送出發射器的控制信號。當紅外線合成信號進入紅外線接模組，在其輸出端便可以得到原先的數位控制編碼，只要經由單晶片（例如 8051）解碼程式進行解碼，便可以得知按下了哪一按鍵，而做出相對的控制處理，完成紅外線遙控的動作。

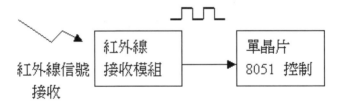

圖 9-3　紅外線接收工作方塊圖

　　由於每家廠商設計出來的遙控器一定不一樣，即使是使用相同的控制晶片，也會做特殊的編碼設計，以避免遙控器間互相的干擾。在本章的實驗中，將以 TOSHIBA 電視遙控器（RC95）及實驗用名片型遙控器（RC37）為例子來做說明，請參考圖 9-4，這款電視遙控器使用國內遙控器最常使用的編碼晶片 PT 2221 或是相容晶片。

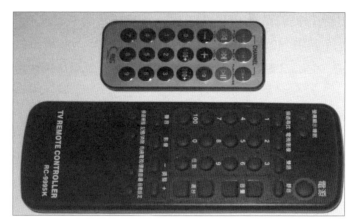

圖 9-4 TOSHIBA 電視遙控器及實驗用遙控器

　　圖 9-5 是編碼晶片 PT 2221 發射的紅外線信號編碼格式，編碼方式是使用 32 位元編碼，紅外線信號編碼由以下 3 部分組成：

■　前導信號。

■　編碼資料。

■　結束信號。

　　其中的編碼資料包含廠商固定編碼及按鍵編碼，廠商固定編碼為避免與其他家電廠商重複，而按鍵編碼則是遙控器上的各個按鍵編碼。

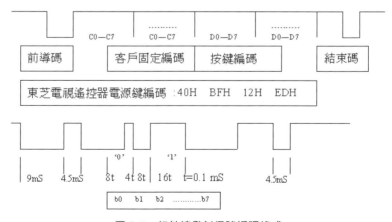

圖 9-5 紅外線發射信號編碼格式

例如按下遙控器的電源（POWER）鍵，則會發送出以下的 4 位元組出去：
"40 BF 12 ED"。其中 "40 BF" 為廠商固定編碼，"12 ED" 則為電源按鍵編碼，廠商編碼只要是 TOSHIBA 電視遙控器是固定的，各個按鍵編碼則依按鍵不同而不一樣。

各個位元編碼方式是以波寬信號來調變，低電位 0.8 mS 加上高電位 0.4 mS 則編碼為 '0'，低電位 0.8 mS 加上高電位 1.6 mS 則編碼為 '1'。當按下遙控器上的某一按鍵則會產生特定的一組編碼，結合 38 KHz 載波信號而發射出去，加上載波信號可以增加發射距離。

如何觀察紅外線遙控器信號，一般我們可以用以下幾種方法來觀察紅外線信號的存在：

- 以邏輯筆偵測信號的發射。
- 以儲存式示波器來觀察其數位波形。
- 以單晶片程式來解碼其數位波形。
- 以電腦來解碼其數位波形並畫出其波形。

紅外線接收模組，內部含有高頻的濾波電路，用來濾除紅外線合成信號的載波信號，輸出原始數位控制信號。台灣常見的載波頻率有 36KHz、38KHz、40KHz，一般若使用 38KHz 濾波的紅外線接收模組來做實驗，接近的發射頻率，仍然可以看到原始數位控制信號波形。

圖 9-6 是觀察紅外線遙控器信號的簡易實驗電路，可以邏輯筆接觸紅外線接收模組的信號輸出端（OUT），便可以偵測。當按下遙控器某一按鍵時，數位信號發射出去，紅外線接收模組收到信號後，在輸出端會出現原先數位信號資料，邏輯筆脈波 LED 便會閃動，這是檢測紅外線遙控器好壞簡單的方法。

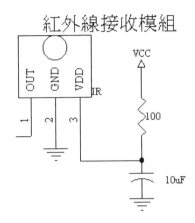

圖 9-6　觀察紅外線遙控器信號的簡易實驗電路

　　過去是以儲存式示波器來觀察 TOSHIBA 電視遙控器所發射的信號，由於紅外線數位信號並非週期信號，因此必須靠儲存式示波器的記憶功能，來記錄並追蹤其信號的存在，由觀察示波器的波形來驗證其信號的格式，是設計解碼程式的第一步，多去觀察其信號的格式便了解其解碼程式的原理。想觀察遙控器其信號的格式及其他進階應用，如紅外線遙控器資料儲存再利用，可以參考第 13 章說明。

9-3　應用開源程式庫解碼和發射信號

　　遙控器應用相當普遍，有關解碼及編碼發射信號的控制問題，Arduino 官網已經有提供 ESP8266、ESP32 程式庫供使用，檔名為 IRremoteESP8266-2.8.4.zip，相關資料參考：https://www.arduino.cc/reference/en/libraries/irremoteesp8266/。

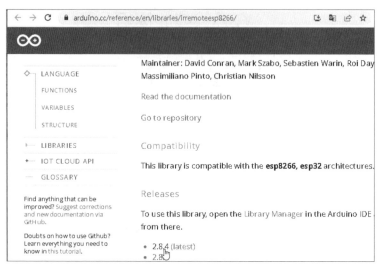

圖 9-7　官網提供遙控器 ESP8266、ESP32 驅動程式庫

下載後加入程式庫中。

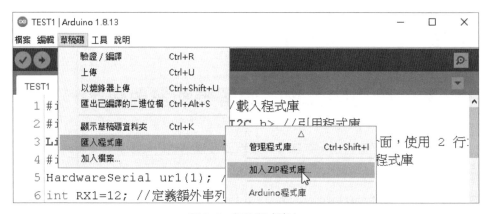

圖 9-8　加入程式庫中

要測試紅外線遙控器解碼與發射功能,需要以下程式:

```
* 載入程式庫
#include <IRremoteESP8266.h>// 載入紅外線程式庫
#include <IRrecv.h>// 載入紅外線接收程式庫
#include <IRutils.h>// 載入紅外線公用程式庫
#include <IRsend.h>// 載入紅外線發射程式庫

* 設定接收與發射腳位
uint16_t ir_rx = 14;
uint16_t ir_tx  = 4;

* 宣告紅外線接收、發射函數
IRrecv irrecv(ir_rx);
IRsend irsend(ir_tx);

* 紅外線發射致能、接收致能
 irsend.begin();
 irrecv.enableIRIn();

* 進行解碼及顯示遙控器解碼結果
if (irrecv.decode(&results)) {
    serialPrintUint64(results.value, HEX);
    Serial.println("");
    irrecv.resume(); } // 準備接收下一筆資料

* 以 NEC 格式發射信號
    irsend.sendNEC(results.value);
```

測試程式執行步驟如下:

1. 系統等待遙控器信號出現做解碼。

2. 輸出解碼值到監控視窗。

3. 若是標準化遙控器 RC37,則 1234 按鍵對應閃燈作出反應。

4. 2 秒後 ESP32 發射剛剛的解碼值。

5. 閃燈 3 下,進行下一次測試。

為方便試驗驗證，使用者可以觀看 ESP32 發射的信號是否有效。例如，實驗時拿家中電視遙控器來做實驗：

1. 按下靜音鍵，監控視窗出現解碼值。

2. 2 秒後 ESP32 發射剛剛的電視靜音訊號。

3. 電視做出靜音反應。

表示解碼和發射信號都有效。

如此一來可以省下，解碼和發射信號需要分開測試的過程，省下許多步驟，這也是有效自動化測試的思維方式。

[實驗目的]

測試紅外線遙控器按鍵輸入解碼，若是名片型遙控器 1234 鍵被按下，按鍵對應閃燈，2 秒後 ESP32 發射剛剛的解碼信號做測試用。

[功　能]

請參考圖 9-9 電路，紅外線接收模組的電源電路，可以直接接 +5V，或是串接電阻、電容，避免電源雜訊干擾。圖 9-9 是小遙控器 RC37 按鍵 0-9 解碼值，圖 9-10 是大遙控器 RC97 按鍵 0-9 解碼值，當接收到的解碼資料是固定的，就正常了，而且不同的按鍵，有不同的穩定編碼值則解碼有效。

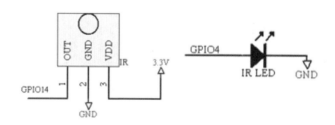

圖 9-9　紅外線遙控器按鍵解碼電路

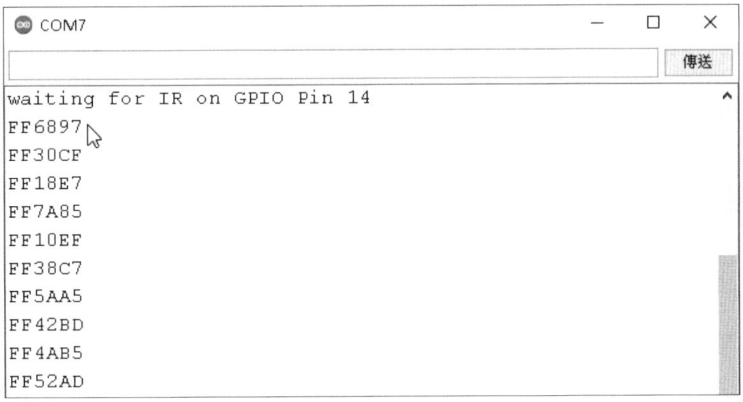

圖 9-10　小遙控器 RC37 按鍵 0-9 解碼值

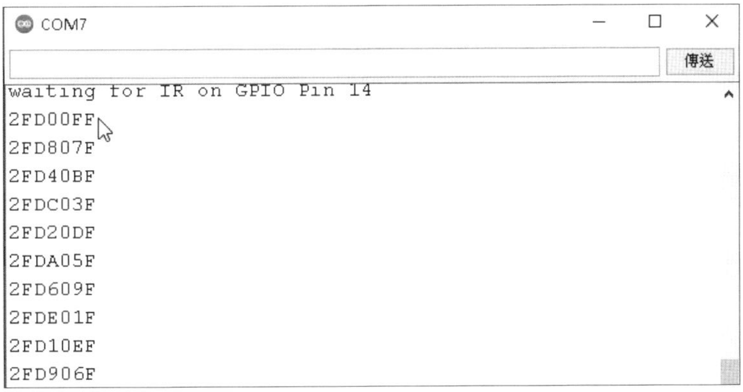

圖 9-11　大遙控器 RC95 按鍵 0-9 解碼值

💻 程式 ir_rx.ino

```
#include <Arduino.h>// 引用 Arduino 宣告檔
#include <IRremoteESP8266.h>// 載入紅外線程式庫
#include <IRrecv.h>// 載入紅外線接收程式庫
#include <IRutils.h>// 載入紅外線公用程式庫
#include <IRsend.h>// 載入紅外線發射程式庫
int led=2; // 設定 led 腳位
uint16_t ir_rx = 14; // 設定紅外線接收腳位
uint16_t ir_tx  = 4; // 設定紅外線發射腳位
IRrecv irrecv(ir_rx); // 紅外線接收函數宣告
```

```
IRsend irsend(ir_tx); // 紅外線發射函數宣告 .
decode_results   results;// 紅外線接收格式宣告
void led_bl(int d) //LED 閃動
{
 for(int i=0; i<d; i++) {
 digitalWrite(led,1);  delay(100);
 digitalWrite(led,0);  delay(100);}
}
//---------------------
uint16_t dir; // 紅外線接收解碼值
void setup() // 初始化設定
{
  pinMode(led, OUTPUT);
  Serial.begin(115200);
  irsend.begin(); // 啟動紅外線傳送功能
  irrecv.enableIRIn(); // 紅外線信號接收致能
  Serial.println();
  Serial.print("waiting for IR on GPIO Pin ");
  Serial.println(ir_rx);
}
//----------------------------
void loop0()// 解碼測試程式
{
// 掃描是否有遙控器按鍵信號？
  if (irrecv.decode(&results))
  { // 顯示遙控器解碼結果
    serialPrintUint64(results.value, HEX);
    Serial.println("");
    irrecv.resume();// 準備接收下一筆資料
  }
  delay(100);
}
//---------------------
void loop() {
// 掃描是否有遙控器按鍵信號？
  if (irrecv.decode(&results))
   { // 顯示遙控器解碼結果
    serialPrintUint64(results.value, HEX);
    Serial.println("");
    irrecv.resume(); // 準備接收下一筆資料
    switch (results.value)// 按鍵輸入 1234 對應閃燈
     {
```

```
    case 0xFF30CF: led_bl(1); break;
    case 0xFF18E7: led_bl(2); break;
    case 0xFF7A85: led_bl(3); break;
    case 0xFF10EF: led_bl(4); break;
    default: break;
    }
  dir=results.value;

// 2秒後 ESP32 發射剛剛的解碼信號做測試用。
  digitalWrite(led, 1);
  delay(2000);
  led_bl(1);
// 發射解碼信號
 irsend.sendNEC(results.value);
  led_bl(3);
// 紅外線信號接收致能
  irrecv.enableIRIn();
  delay(300);
  }
 delay(100);
}
```

9-4 紅外線遙控器解碼實驗

前面章節介紹過 TOSHIBA 電視遙控器所發射的信號格式分析後，本節以 Arduino C 程式來做遙控器解碼實驗，早期實驗室曾經以 8051 C 程式設計過此款遙控器的解碼程式，直接移植過來便可以使用。先複製 rc95a 目錄（含程式碼），到系統檔案目錄 libraries 下，ESP32 程式中加入以下指令：

```
#include <rc95a.h>
```

遙控器解碼功能僅適用長度 36 位元之遙控器，過長無法解碼。遙控器解碼功能僅適用載波 38K 接近之遙控器，載波差距太大也無法解碼。

实验目的

測試名片型紅外線遙控器按鍵輸入解碼。

功　　能

程式執行後，當依序按下數字鍵 0、1～9，由串列介面送出 4 位元組的資料。
程式下載後，要開啟串列介面監控視窗，才能看到結果。

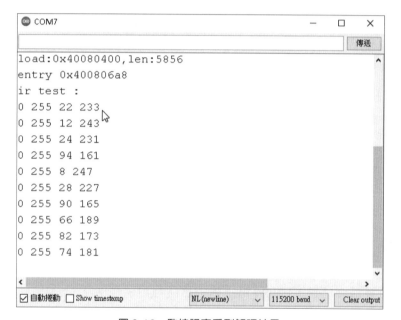

圖 9-12　監控視窗看到解碼結果

　　其中 "0 255" 為廠商固定編碼，"22 233" 則為按鍵 0 編碼，廠商編碼只要是
該款（特定晶片）遙控器是固定的，各個按鍵編碼則依按鍵不同而不一樣。

💻 程式 dir.ino

```
#include <rc95a.h> // 引用紅外線遙控器解碼程式庫
int cir =14; // 設定解碼信號腳位
int led =2; // 設定 LED 腳位
void setup()// 初始化設定
```

```
{
  pinMode(led, OUTPUT);
  pinMode(cir, INPUT);
  Serial.begin(115200);
}
void led_bl()//LED 閃動
{
int i;
 for(i=0; i<2; i++)
  {
    digitalWrite(led, HIGH); delay(150);
    digitalWrite(led, LOW); delay(150);
  }
}
/*----------------------------------------------------------*/
void test_ir()// 紅外線遙控器解碼
{
int c, i;
 while(1)  // 無窮迴圈
  {
loop:
// 迴圈掃描是否有遙控器按鍵信號？
    no_ir=1; ir_ins(cir); if(no_ir==1) goto loop;
// 發現遙控信號 . , 進行轉換 ..........................................
............
    led_bl(); rev();
// 串列介面顯示解碼結果
    for(i=0; i<4; i++)
    {c=(int)com[i]; Serial.print(c); Serial.print(' '); }
    Serial.println();
    delay(300);
  }
}
void loop()// 主程式迴圈
{
led_bl();
 Serial.println("ir test : "); test_ir();
}
```

9-5 紅外線遙控器解碼顯示機

紅外線遙控器解碼器應用很廣，如遙控器檢修、測試、設計應用程式，有時要攜帶到別處作測試，因此將紅外線遙控器解碼輸出到 LCD 上，成為解碼顯示機，可做生產線上測試用。

做 LCD 實驗時需要特別注意，實驗時 LCD 需要獨立供電 5V，以免出現無法上傳程式的問題，電力供應不足甚至燒毀零件。

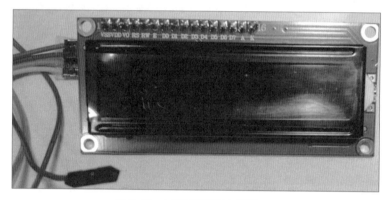

圖 9-13　LCD 需要獨立供電 5V

實驗目的

測試名片型紅外線遙控器按鍵輸入，解碼顯示於 LCD。

實驗電路

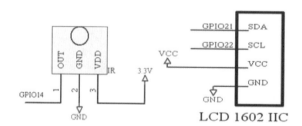

圖 9-14　LCD 遙控器解碼顯示電路

程式執行後，當按下遙控器按鍵後，解碼 4 筆資料，顯示於 LCD 上，壓電喇叭或
是一般喇叭會做出如下反應：

■　按鍵 1：壓電喇叭嗶 1 聲。

■　按鍵 2：壓電喇叭嗶 2 聲。

■　按鍵 3：壓電喇叭嗶 3 聲。

圖 9-15　LCD 顯示遙控器解碼

程式 dirL.ino

```
#include <rc95a.h>  // 引用解碼程式庫
#include <LiquidCrystal_I2C.h> // 引用 LCD 程式庫
LiquidCrystal_I2C lcd(0x27,16,2); // 設定 LCD 格式
//--------------------------------------------------
int cir=14; // 設定解碼控制腳位
int led=2; // 設定 led 腳位
int bu=16; // 設定喇叭腳位
void setup()// 初值化執行
```

```
{
  pinMode(led, OUTPUT);
  pinMode(bu, OUTPUT);
  pinMode(cir, INPUT);
  Serial.begin(115200);
  lcd.init();
  lcd.backlight();
  lcd.clear();
  delay(100);
  lcd.setCursor(0,0);
  lcd.print("LCD IR TEST.....");
  lcd.setCursor(0,1);
  lcd.print("...............");
  be();
}
//------------------------
void be()// 嗶聲
{
int i;
 for(i=0; i<100; i++)
  {
    digitalWrite(bu,1);  delay(1);
    digitalWrite(bu,0);  delay(1);
  }
 delay(50);
}
//---------------------
void led_bl()//LED 閃動
{
int i;
for(i=0; i<1; i++)
 {
  digitalWrite(led, HIGH); delay(150);
  digitalWrite(led, LOW); delay(150);
 }
}
/*------------------------------------------------------------*/
void test_ir()// 紅外線遙控器解碼
{
int c, i;
 while(1)  // 無窮迴圈
  {
```

```
loop:
// 迴圈掃描是否有遙控器按鍵信號？
  no_ir=1; ir_ins(cir); if(no_ir==1) goto loop;
// 發現遙控器信號 . ，進行轉換
  led_bl(); be(); rev();delay(200);
  lcd.setCursor(0,1);
  for(i=0; i<4; i++)
    {c=(int)com[i];
// 串列介面顯示解碼結果
     Serial.print(c); Serial.print(' ');
     lcd.print(c); lcd.print(" ");
    }
  Serial.println();
  c=(int)com[2];
// 執行解碼功能，按鍵 123
  if(c==1){led_bl(); be();}
  if(c==2){led_bl(); led_bl();  be(); be();}
  if(c==3){led_bl(); led_bl(); led_bl(); be(); be(); be();}
  delay(100);
  }
}
//-----------------------------------------------------
void loop() // 主程式迴圈
{
led_bl();
 Serial.println("ir test : "); test_ir();
}
```

9-6　靈活應用遙控器解碼和發射信號

在本章中介紹了 2 套遙控器解碼和發射信號測試：

■　官網開源程式庫解碼和發射信號。

■　RC37 特定遙控器格式 4 位元組解碼。

在實際應用中，程式解碼後，判斷按下哪一個按鍵，作特定功能執行，或是發射特定信號出去，完成系統整合應用。也就是說其實沒有開源程式碼，我們還是可以做特定常用遙控器格式解碼實驗。

既然有了官網開源的程式庫，我們可以比較優缺點，來做各種不同的解決方案實驗，就可以利用它來做紅外線遙控實驗，增加另外一個解決方案，使我們設計更有彈性。程式設計要利用開源的資源來解決我們的問題，只要能有效、穩定解決都是好方法。

家中電視機、冷氣、音響、電風扇可能都有用到遙控器，由於遙控器編碼格式繁多，就現有官網範例程式來看：

```
irsend.sendNEC(0x00FFE01FUL);//NEC 格式
irsend.sendSony(0xa90, 12, 2);  //SONY 格式
irsend.sendRaw(rawData, 67, 38); // 發射原始資料 .
irsend.sendSamsungAC(samsungState);// Samsung 格式
```

有發射原始資料、NEC 格式、SONY 等格式，若是不會動作，也很失望。因此才有學習型遙控器的應用概念出現，有興趣者可以參考第 13 章實驗，由 ESP32 控制學習型遙控器。

9-7 習題

1. 列舉紅外線遙控應用實例 4 種。

2. 說明紅外線發射器的工作原理。

3. 說明紅外線信號編碼由哪 3 部分組成。

4. 設計紅外線遙控器程式，當按下 1 ～ 7 鍵，遙控喇叭發出簡譜 1 ～ 7 的音階。

10

藍牙控制

般藍牙應用於不同的裝置之間,進行無線連接、短距離資料傳送。常見的
應用功能有藍牙耳機、藍牙音箱、藍牙鍵盤、智慧音箱應用。由於手機內
建藍牙功能,可以與任何有藍牙裝置連線,形成行動藍牙物聯網裝置應用。而
ESP32 模組內建藍牙功能,便可與手機建立連線,做各種短距離資料傳送實驗。
藍牙功能有隨插即用的優點,測試環境不需要網路,利用手機自動掃描的優點,
建立連線,容易整合實現專題、專案應用。

10-1 藍牙雙向傳送

本書藍牙實驗使用 Bluetooth 程式庫,適用 Android 手機做連線實驗,相關
功能如下:

- #include <BluetoothSerial.h>:載入程式庫。
- BluetoothSerial bt;:宣告藍牙物件。
- bt.begin("裝置名稱");:啟用藍牙功能。
- bt.print("資料內容");:傳送資料。
- bt.println("資料內容");:傳送資料含換行。
- bt.available() ;:有資料進入藍牙介面。
- String bt_data=bt.readString();:讀取藍牙介面的字串資料。

當執行 bt.begin("裝置名稱") 指令,系統送出藍牙連線信號給附近的裝置,
一般是用手機進行測試,手機系統設定有藍牙掃描功能,可以掃描出附近藍牙裝
置,進行配對,然後建立存取名單,方便日後存取選擇。

　　若偵測到 ESP32 則出現裝置名稱，方便識別。經過配對連線後，就可以做傳送實驗。要傳輸資料時，使用 bt.print 函數，功能如同前面串列實驗介紹 Serial.print 函數一樣。

實驗目的

ESP32 送出訊息，手機端接收訊息，顯示出來。手機輸入資料，也傳到 ESP32 接收進來，傳到 PC 端顯示出來。

功　　能

程式執行後 ESP32 送出訊息 "Hello World!"，到電腦串列介面及藍牙介面，手機端接收傳來的資料，顯示出來。手機端執行 MRX.APK，安裝及藍牙連線參考書本附錄。須將積木程式 aia 檔案上傳雲端，以固定地址做藍牙連線，安裝後執行，就能建立手機控制實驗平台，測試新功能。ESP32 執行結果送出到手機，如同送出到 PC 端當顯示監控。手機輸入資料，也可以傳到 PC 端顯示出來。

圖 10-1　手機端應用程式執行畫面

圖 10-2　手機端接收到資料

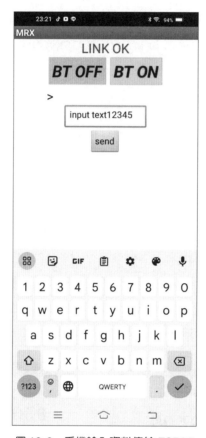

圖 10-3　手機輸入資料傳給 ESP32

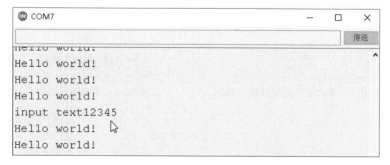

圖 10-4　串列介面顯示手機輸入資料

💻 **程式 BT1.ino**

```
#include <BluetoothSerial.h>// 載入程式庫
BluetoothSerial bt;// 宣告 bt 藍牙物件
void setup() {// 初始化
Serial.begin(115200);
bt.begin("vic BLE1 Key ");
}

void loop() // 主程式
{
  bt.println("Hello world!");
  Serial.println("Hello world!");
  delay(1000);
if(bt.available()) { // 若藍牙有連線
// 讀取藍牙資料顯示出來
 String bt_data=bt.readString();
 Serial.println(bt_data);}
}
```

10-2 手機藍牙顯示資料監控

　　手機是最常用的行動裝置，在控制上面，現在常與工作上結合成為行動監控裝置，或是自動化測試應用上面。當做行動的終端機，也可以做外出現場除錯監控的介面應用。最常用的是監控類比信號的輸入或是數位輸入、輸出，或是感知器的監控應用，本實驗就用手機監控 ADC 端的輸入電壓變化。

實驗目的

由手機監控 ADC 端的輸入電壓。

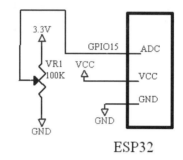

圖 10-5　ESP32 ADC 端實驗電路

┌ 功　能 ┐

程式執行後，連線手機，執行應用程式，手機端顯示監控資料。

圖 10-6　手機監控顯示資料

◁/▷ 程式 BT2.ino

```
#include <BluetoothSerial.h>// 載入程式庫
BluetoothSerial bt;// 宣告 bt 藍牙物件
int ad=15; // 設定 ADC 腳位
void setup() {// 初始化
Serial.begin(115200);
```

```
bt.begin("vic BLE1 Key ");
bt.println("Hello world!");
Serial.println("Hello world!");
delay(1000);
}
void loop()  // 主程式
{
int d; float v;  char m[50];

if(bt.available())  // 若藍牙有連線
{
// 讀取藍牙資料同時顯示出來
 String bt_data=bt.readString();
 Serial.println(bt_data);
}
// 讀取 ADC 資料同時顯示出來
 d=analogRead(ad);
 Serial.print("ADC read= ");
 Serial.println(d);
 v=(d*3.3)/4095;
// 格式化輸出訊息
 sprintf(m," ADC read=%1.1f v ",v);
 Serial.println(m);// 由串列送出訊息
 bt.println(m);// 由藍牙送出訊息
 delay(1000);
}
```

10-3 藍牙鍵盤模擬器

　　ESP32 可以經由藍牙連接手機，做可程式化控制應用，ESP32 連接電腦可透過 USB 連線，做連線應用，有沒有無線的解決方案，經由藍牙連接電腦？有人就設計出藍牙鍵盤模擬器，ESP32 藍牙鍵盤模擬器，經由藍牙發射信號給安裝藍牙的筆電，接收信號後，轉為按鍵鍵盤的按鍵功能。

因此 ESP32 就可以產生按鍵的功能，由電腦應用程式讀取，這對於一些可以按鍵操作的應用程式就很方便，只需設計 ESP32 的應用程式，就可以控制 PC 端的應用程式功能執行，只要應用程式有按鍵操作的功能都可以控制。

使用的程式庫是 ESP32-BLE-Keyboard，網址參考：https://github.com/T-vK/ESP32-BLE-Keyboard，實驗時先自行下載匯入安裝。

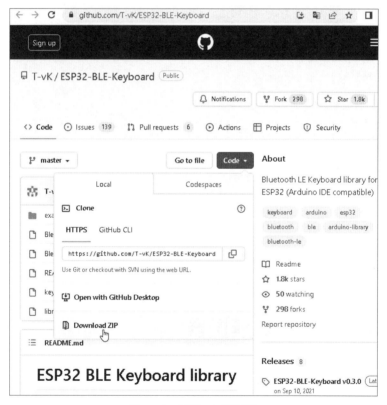

圖 10-7　下載 zip 壓縮檔

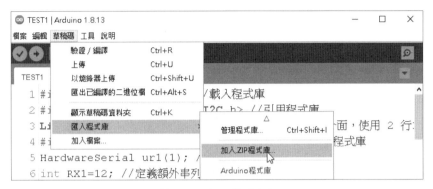

圖 10-8　加入程式庫中

程式常用功能如下：

■　#include <BleKeyboard.h>：載入程式庫。

■　BleKeyboard bkey：宣告藍牙鍵盤物件。

■　bkey.setName("vic BLE1 Key")：藍牙名稱用於識別。

■　bkey.begin()：開啟藍牙連線。

■　bkey.isConnected()：偵測藍牙是否連線。

■　bkey.print("123")：送出 123 字元。

實驗目的

測試 ESP32 藍牙鍵盤模擬器傳送資料「123」到電腦。

功　　能

ESP32 程式執行前，有藍牙筆電先準備連線，執行 PC 應用程式，如記事本，按
鍵輸入切換成英數模式，才能順利接收按鍵輸入。程式執行後，按下 RESET，
LED 閃動，送出藍牙掃描信號，筆電偵測到，配對、連線完成，記事本會顯示
「123」。

當多台 ESP32 同時近距離做實驗時，容易混淆，請使用自己不同名稱，方便實驗驗證及進行。筆電藍牙設定，開啟做掃描參考圖示。

圖 10-9　開啟做掃描藍牙鍵盤　　　　圖 10-10　找到 BLE 藍牙裝置進行配對

圖 10-11　藍牙鍵盤連線成功　　　　圖 10-12　藍牙鍵盤模擬器傳送資料 123
　　　　　　　　　　　　　　　　　　　　　　　到電腦接收結果

💻 程式 BT_PC.ino

```
#include <BleKeyboard.h>// 載入程式庫
BleKeyboard bkey;// 宣告藍牙鍵盤物件
int led=2;// 設定 LED 腳位
void setup() {// 初始化
 int i;
  Serial.begin(115200);
  Serial.println("BLE key to PC TEST....");
```

```
  pinMode(led, OUTPUT);
  bkey.setName("vic BLE1 Key"); // 藍牙識別名稱
  bkey.begin();
  delay(2000); led_bl();
  if ( bkey.isConnected()) bkey.print("123");
}
void led_bl()//LED 閃動
{
 digitalWrite(led,1);  delay(200);
 digitalWrite(led,0);  delay(200);
}
void loop(){}
```

10-4 藍牙鍵盤模擬器功能測試

　　先建立藍牙鍵盤模擬器連線後，再來測試其他功能鍵，然後依序要將功能設計進去做專案整合，測試功能用串列指令選擇，方便管理及測試，也可以設計成簡易選單。測試步驟如下：

■　打開筆電藍芽設定找到 BLE 藍牙裝置。

■　ESP32 系統內建藍牙功能。

■　利用網路開源程式庫，設計功能鍵。

■　進行測試。

■　整合到情境應用。

　　能控制模擬鍵盤輸入的動作，就可以做很多的應用，系統觸發後，發送信號給電腦鍵盤模擬器，電腦自動輸入動作按鍵，達到自動化控制、測試目的，例如多媒體控制應用、桌面自動清除、自動排單設定執行。

　　BleKeyboard 程式庫有函數 print 功能外，還有 write、press 等功能，常用按鍵功能如下：

■　bkey.write(KEY_MEDIA_MUTE)：模擬鍵盤靜音功能。

■ bkey.write(KEY_MEDIA_STOP)：模擬鍵盤停止功能。

■ bkey.write(KEY_MEDIA_VOLUME_UP)：模擬鍵盤音量大聲功能。

■ bkey.write(KEY_MEDIA_VOLUME_DOWN)：模擬鍵盤音量小聲功能。

■ bkey. write (KEY_MEDIA_WWW_HOME)：模擬鍵盤開啟瀏覽器功能。

■ bkey.press(KEY_LEFT_GUI)：模擬 WIN10 鍵盤左側視窗按鍵功能。

■ key.releaseAll()：模擬鍵盤按鍵釋放動作。

例如自動執行 WIN10 功能鍵 +d 鍵，清除工作畫面，回到桌面，設計如下：

```
bkey.press(KEY_LEFT_GUI);
bkey.print("d"); delay(500);
key.releaseAll();
```

實驗目的

由串列介面監控視窗，設定、測試鍵盤模擬器執行結果。

功　　能

程式執行後，打開串列介面監控視窗，串列介面收到傳來執行結果。按下數字鍵，測試功能如下：

■ 數字 0：送出 123 鍵。

■ 數字 1：送出多媒體 "播放鍵"。

■ 數字 2：送出多媒體 "靜音鍵"。

■ 數字 3：送出多媒體 "停止鍵"。

■ 數字 4：送出多媒體 "音量大" 控制鍵。

■ 數字 5：送出多媒體 "音量小" 控制鍵。

■ 數字 6：執行 WIN10 功能鍵 +d 鍵，清除工作畫面，回到桌面。

■ 數字 7：開啟瀏覽器，輸入關鍵字 "8051"，輸入執行鍵。

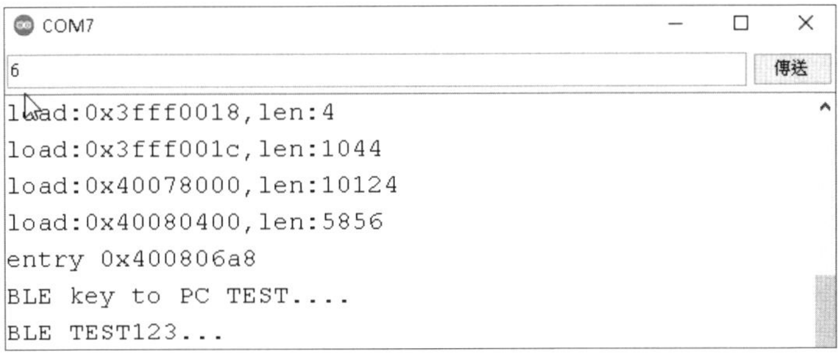

圖 10-13　按下數字 6，執行鍵盤模擬器功能

程式 BT_PCT.ino

```
#include <BleKeyboard.h>// 載入程式庫
BleKeyboard bkey;// 宣告藍牙鍵盤物件
int led=2; // 設定 LED 腳位
void setup() {// 初始化
 int i;
  Serial.begin(115200);
  Serial.println("BLE key to PC TEST....");
  pinMode(led, OUTPUT);
  led_bl();
  bkey.setName("vic BLE1 Key"); // 藍芽識別名稱
  bkey.begin();
  delay(2000); led_bl();
  if ( bkey.isConnected()) test();
}
//--------------------
void led_bl()//LED 閃動
{
 digitalWrite(led,1);  delay(200);
 digitalWrite(led,0);  delay(200);
}
//---------------
void  test()// 發送測試信號
{
 Serial.println("BLE TEST123...");
 bkey.print("1"); delay(100);
 bkey.print("2"); delay(100);
 bkey.print("3"); delay(100);
}
```

```
//------------------------------
void loop()//主程式
{
if (bkey.isConnected()) { //若藍牙有連線
    if(Serial.available()>0)// 串列介面若有按鍵值傳入
    {
     char c=Serial.read(); //讀取按鍵值而執行
     if(c=='0'){ led_bl(); test();}
     if(c=='1'){ led_bl(); bkey.write(KEY_MEDIA_PLAY_PAUSE);}
     if(c=='2'){ led_bl(); bkey.write(KEY_MEDIA_MUTE);}
     if(c=='3'){ led_bl(); bkey.write(KEY_MEDIA_STOP);}
     if(c=='4'){ led_bl(); bkey.write(KEY_MEDIA_VOLUME_UP);}
     if(c=='5'){ led_bl(); bkey.write(KEY_MEDIA_VOLUME_DOWN);}
     if(c=='6'){
     bkey.press(KEY_LEFT_GUI);// 執行 WIN10 左功能鍵
     bkey.print("d");
     delay(500); bkey.releaseAll(); led_bl(); }

     if(c=='7')// 開啟瀏覽器
     { bkey.write(KEY_MEDIA_WWW_HOME);
       delay(500); led_bl();
       bkey.print("8051"); delay(500);
       bkey.write(KEY_RETURN);
     }
    }
  }
}
```

10-5 習題

1. 例舉藍牙應用實例 3 種。

2. 寫一 ESP32 程式，與手機連線，當 PC 上按鍵，則做出相對的回應：
    - PC 按鍵 1 → 手機回應："KEY 1 TEST"。
    - PC 按鍵 2 → 手機回應："KEY 2 TEST"。

3. 寫一 ESP32 程式，與 PC 連線，當接觸觸控點，做出相對的回應：
    - 藍牙鍵盤控制清空 Windows 10 桌面，進入 Yahoo 瀏覽器畫面。

WiFi 控制

當 Arduino UNO 已經用得很習慣後，為何要學 ESP32？主要可以做聯網做 WiFi 應用。經由簡單的硬體、學習設計基礎測試程式，主要是監控送到網路的信號及網頁互動反應，當然需要配合相關應用程式來執行。例如，WiFi 連線如何測試？抓取精確時間，WiFi LED 控制，WiFi 顯示溫溼度資料，這是本章要介紹的基礎測試程式。

11-1 WiFi 連線

手機在外可以連線無線基地台（Access Point，AP）連線上網或是通訊，回到家中，若手機收訊不好，無法連線上網，就可以透過分享器當作無線基地台，而連線上網，這就是一般 WiFi 連線。相同的道理 ESP32 模組也可以與 WiFi 建立連線，就可以與電腦、筆電或是手機相連線，形成小型的物聯網實驗測試平台。

ESP32 模組可以支援 3 種不同的 WiFi 工作模式，分別為 Station 模式、AP 模式和 AP+Station 模式。當 ESP32 配置為 Station 模式時，ESP32 可以經由分享器做 WiFi 連線，與其他裝置進行通信，或是連線到網際網路。當 ESP32 成功連線 WiFi 後，開啟串列介面監控視窗，將顯示分配給 ESP32 的 IP 地址，並顯示連線狀態資訊。記住此 IP 地址，上網連線需要用到。

IP 是 "Internet Protocol" 的縮寫，為一組連接到網路的識別身分證。具有 IP 地址才可以連線，經由網路分享器將電腦、手機經由瀏覽器與 ESP32 連線做相關實驗。當然實驗前需要準備：

■ 可 WiFi 聯網設備。

■ 網路名稱。

■ 網路密碼。

■ ESP32 模組。

■ ESP32 模組連線的 USB 線材。

連線 WiFi 基礎測試程式需用到功能：

- #include <WiFi.h>：載入 WiFi 程式庫。

- const char *ssid = "****"：網路名稱。

- const char *pass = "****"：網路密碼。

- WiFi.begin(ssid, pass)：依照網路名稱、密碼連線。

- WiFi.status()：網路連線狀態。

- WiFi.status()== WL_CONNECTED：網路連線成功。

- WiFi.localIP()：網路 IP 地址。

實驗目的

測試 ESP32 模組基本連線 WiFi 功能。

功　能

當 ESP32 成功連線 WiFi 後，由串列介面監控視窗，觀察系統連線狀態及 IP 地址。圖 11-1 為執行結果。按 RESET，也會重新執行，先顯示系統執行訊息，再出現連線地址，記住、複製再輸入瀏覽器，便可以連線，監控送到網路的信號及互動反應，當然需要配合程式來執行。若一組模組測試正常，可當作樣品，來做測試，一來測試網路基地台是否發射信號，二來測試新的 ESP32 模組是否可以連網，避免買到的模組有問題。

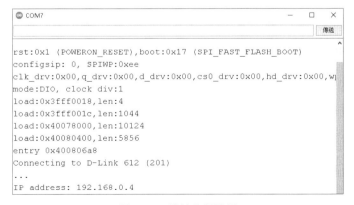

圖 11-1　連線執行結果

程式 WiFi.INO

```
#include <WiFi.h> // 載入 WiFi 程式庫
const char *ssid = "****"; // 網路名稱
const char *pass = "****"; // 網路密碼
void setup() {
  Serial.begin(115200);
  WiFi.begin(ssid, pass);
  Serial.print("Connecting to ");
  Serial.println(ssid);
  while (WiFi.status() != WL_CONNECTED)
  { // 當網路連線不成功，則等待
    delay(500);   Serial.print(".");   }
  Serial.print("\nIP address: ");
  Serial.println(WiFi.localIP());   }
void loop() {}
```

11-2 WiFi 基地台強度掃描

住家或是學校實驗室都有許多無線基地台，想了解一下其分佈狀況，可以經由基地台強度掃描功能，掃描所有 WiFi 無線基地台信號強度，經由觀察這些資料，可以了解附近有多少無線基地台被偵測出來，只要信號夠強，都會顯示出來。有了這些資料當作參考，通常會選擇信號強度最強來連線，因為自己安裝的無線基地台離我們最近，這樣連線最穩定，避免斷線。

所設計的測試程式，用來監控網路的信號，需要配合程式功能來執行。程式 WiFi.scanNetworks()，掃描附近有多少 WiFi 基地台可以存取，信號最強的優先顯示，顯示相關訊息如下：

■ WiFi.SSID：SSID 名稱。

■ WiFi.RSSI：網路信號強度。

■ WiFi.encryptionType：網路加密模式。

實驗目的

測試 ESP32 模組掃描無線基地台信號強度功能。

功　　能

當執行後開始掃描無線基地台信號，由串列介面監控視窗中，觀察執行狀況。圖 11-2 為執行結果。共找到 7 組可供連線的 WiFi 基地台，依照信號強度逐一顯示相關資料，包括基地台名稱及信號強度。

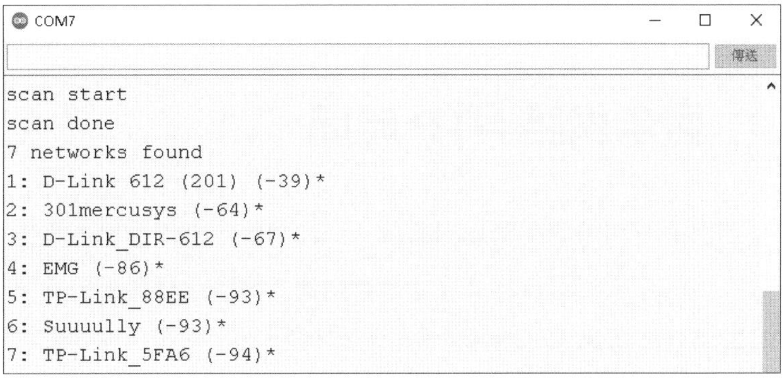

圖 11-2　掃描 WiFi 基地台執行結果

💻 程式 WiFi_scan.INO

```
#include "WiFi.h"// 載入程式庫
void setup()// 初始化
{
    Serial.begin(115200);
}
//------------------------
void loop()// 主程式
{
  Serial.println("scan start");
  int n = WiFi.scanNetworks();
  Serial.println("scan done");
  if (n == 0) {  Serial.println("no networks found"); }
else { Serial.print(n);
     Serial.println(" networks found");
```

```
    for (int i = 0; i < n; ++i) {
// 顯示相關資料
    Serial.print(i + 1);      Serial.print(": ");
    Serial.print(WiFi.SSID(i));      Serial.print(" (");
    Serial.print(WiFi.RSSI(i));      Serial.print(")");
    Serial.println((WiFi.encryptionType(i) ==
      WiFi_AUTH_OPEN)?" ":"*");
    delay(10);
  }   }
    Serial.println("");
delay(5000);
}
```

11-3 顯示網路 NTP 時間

一般控制器需要與時間相關聯的應用，例如於特定時間啟動繼電器，或是定時記錄、收集、保存感知器資料，通常都會內建真實時鐘硬體部分電路，在斷電的時候，時間可以繼續運作。ESP32 模組因為有內建 WiFi 可以連線到網路時鐘，取得真實時間，因此方便我們做控制器的設計，省下安裝時鐘計時的部分電路模組，本節就來測試其功能，顯示目前時間。

網路時鐘協定（Network Time Protocol）簡稱 NTP 時間，利用網路精確時間計時的一種協定，可以精確的記錄當地時間。NTP 如何工作？可以參考：http://www.ntp.org/ntpfaq/NTP-s-def/。

設計的測試程式，希望經由網路讀取日期、時間，就可以做後續許多應用。相關程式功能：

■ configTime（參數）：設定時間連線地址及參數。例如 configTime(timezone, dst, "pool.ntp.org","time.nist.gov"); 就可以取得系統資料。

■ struct tm* t= localtime(&now)：宣告日期、時間資料結構體儲存。

■ t->tm_year：年資料。

- t->tm_mon：月資料。

- t->tm_mday：日資料。

- t->tm_hour：小時資料。

- t->tm_min：分鐘資料。

- t->tm_sec：秒鐘資料。

年資料減去 11，可以得到民國幾年資料顯示，較易觀察時間。連線後，有關顯示，相關設計如下：

```
lcd.print(t->tm_year-11); //顯示日期
lcd.print(t->tm_mon+1); //顯示月
lcd.print(t->tm_mday);// 顯示日
```

實驗目的

測試 ESP32 模組連網後，讀取並顯示網路 NTP 時間於 LCD 上。

實驗電路

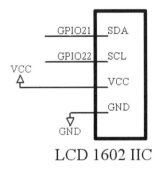

圖 11-3　LCD 實驗電路

功　　能

當 ESP32 成功連線 WiFi 後，由串列介面監控視窗，觀察 NTP 時間，並且將時間顯示在 LCD 上。圖 11-4 為執行結果，與電腦上的時間一致。圖 11-5 為 LCD 顯示時間執行結果，開機後若有連線，自動更新時間，當無連接電腦時可單獨操作，就是一套網路時鐘顯示器，可以開始繼續探索其他實驗。

圖 11-4　電腦上的時間同步顯示

圖 11-5　LCD 顯示時間

📄 程式 NTP_LCD.INO

```
#include <LiquidCrystal_I2C.h>
LiquidCrystal_I2C lcd(0x27,16,2);
#include <WiFi.h>// 載入程式庫
#include "time.h"// 載入時間程式庫
const char* ssid= "xxxx"; //WiFi 網路名稱
const char* pass= "xxxx"; //WiFi 網路密碼
int ledPin= 2;
int timezone=8*3600;// 設定時區，臺灣 +8-> 時區 *3600
int dst=0;
void setup() {// 連線設定
  lcd.init();  lcd.backlight();
  pinMode(ledPin,OUTPUT);  digitalWrite(ledPin,1);
  Serial.begin(115200);
  Serial.print("Wifi connecting to ");  Serial.println( ssid );
  WiFi.begin(ssid,pass); Serial.print("Connecting");

  while( WiFi.status() != WL_CONNECTED ){
      delay(500);    Serial.print(".");       }
  digitalWrite( ledPin , 0);  Serial.println();

  Serial.println("Wifi Connected Success!");
  Serial.print("IP Address : ");
  Serial.println(WiFi.localIP() );
  configTime(timezone, dst, "pool.ntp.org","time.nist.gov");
  Serial.println("\nget NTP time");
  while(!time(nullptr)){   Serial.print("...."); delay(1000);   }
  Serial.println("....OK");
}
void loop()// 迴圈
{
  time_t now = time(nullptr);
  struct tm* t= localtime(&now);
  Serial.print(t->tm_year-11);Serial.print("/");
  Serial.print(t->tm_mon+1);  Serial.print("/");
  Serial.print(t->tm_mday);
```

```
Serial.print(" ");   Serial.print(t->tm_hour);
Serial.print(":");   Serial.print(t->tm_min);
Serial.print(":");   Serial.println(t->tm_sec);
lcd.setCursor(0,0);   //lcd.print(localtime);
lcd.print(t->tm_year-11); lcd.print("/");
lcd.print(t->tm_mon+1);   lcd.print("/");
lcd.print(t->tm_mday);    lcd.print(" ");

lcd.setCursor(0,1);
lcd.print(t->tm_hour);    lcd.print(":");
lcd.print(t->tm_min);     lcd.print(":");
lcd.print(t->tm_sec);
delay(1000);
lcd.setCursor(7,1);       lcd.print(" ");
}
```

11-4 WiFi LED 控制

本節實驗將 ESP32 模組當作網路伺服器，可用電腦或是手機上的瀏覽器，連上 WiFi 來監控實驗結果，控制一顆 ESP32 LED 做輸出控制實驗，不需連接額外硬體，使用模組上面的 LED(GPIO2) 來做實驗測試。

設計的測試程式，主要是監控送到網路的信號及互動反應，當然需要配合應用程式來執行。但是測試程式有些很複雜不易學習，於是找系統原始資料開始。

原因很簡單，越短程式越容易了解學習。在系統中 ESP32 WiFi 基礎範例程式，SimpleWiFiServer.INO 程式，是很好的學習基礎範例，請參考圖 11-6。

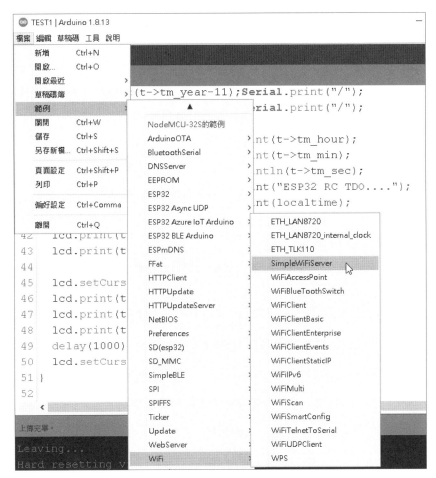

圖 11-6　開啟 WiFi 控制 LED 基礎控制範例

使用倒述學習法學習程式設計，步驟如下：

■　找到原始簡單範例。

■　執行結果。

■　觀察輸出過程。

■　記錄實驗數據。

■　找出關鍵因素。

■ 記錄筆記。

最後成為學習的重要技巧與知識。

修正控制使用 ESP32 模組上方的 LED 來做實驗,方便觀察。先看實驗結果,程式執行後,點選滑鼠,可以控制 LED 亮滅,請參考圖 11-7。

圖 11-7　執行 WiFi 控制 LED 結果

控制 LED 亮滅原理為何?先了解指令,網頁控制程式設計用到指令:

■ #include <WiFi.h>:載入 WiFi 程式庫。

■ WiFiClient client:宣告一個網路伺服器,客戶請求物件。

■ client = server.available():有裝置想連線取得控制資訊。

■ if (client):是否有裝置連線?有則執行。

■ String currentLine = "":準備字串收資料。

■ while (client.connected()):當連線時。

■ if (client.available()):網路有資料進入。

■ char c = client.read(); Serial.write(c):網路有資料進入則讀取,顯示出來。

■ if (c == '\n'):收到換行字元。

■ if (currentLine.length() == 0):沒有有效資料。

■ client.print(""):送資料到網路。

■ if (currentLine.endsWith("GET /H")) digitalWrite(led, HIGH);:currentLine 字串結尾是 "GET /H",則執行點亮 LED 動作。

- client.stop()：停止連線。

- client.print("")：送資料到網路。

- client.print("Click <a href=\"/H\">here</a> to turn the LED on
")：送資料到網路，資料被瀏覽器接收後，則會解譯為 HTML 指令，HTML 的全名是 HyperText Markup Language 縮寫，是編寫網頁的基本語言，它是文字、命令描述語言，可以控制瀏覽器要怎樣把文件顯示、如何與使用者互動的介面程式語言。Click 就是一執行命令，當按下滑鼠，執行超連結，送出指令 /H。

當執行 client =server.available(); 表示有裝置想連線取得控制資訊，想控制 LED 亮起或熄滅。client 意思為「客戶」，server 意思為「服務器」，也就是客戶提出請求，要顯示的資料，及控制需求。要顯示的資料，其實是控制提示，如何操作，操作後可以控制 LED。

想了解控制流程，找出關鍵因素，先看交握式控制，如何交換資訊。由實驗來看、追蹤過程。圖 11-8 到 10，連線後監控視窗顯示資料變化情況，當使用者點選 LED OFF，瀏覽器送出 /L 信號，監控視窗顯示資料：多出一行 XXXX/L，表示測試程式有收到瀏覽器送過來的資料 /L，這就是資料交換的關鍵。

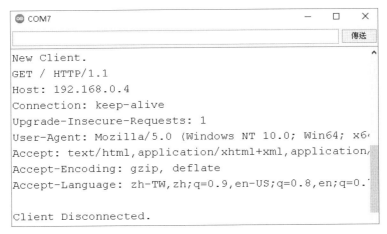

圖 11-8　連線後監控視窗顯示資料

圖 11-9　點選 LED OFF，送出 /L 信號

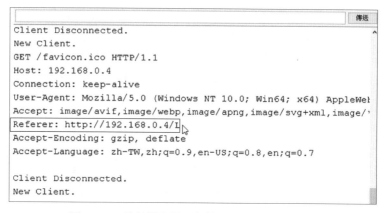

圖 11-10　監控視窗顯示資料：多出一行 XXXX/L

因此交握式控制交換資訊如下：

■　當使用者點選 LED OFF，瀏覽器送出 /L 信號。

■　監控視窗顯示資料，多出一行 XXXX/L。

■　測試程式有收到瀏覽器送過來的資料 /L。

■　判斷資料 /L，驅動 LED 熄滅。

■　同理收到 /H，驅動 LED 點亮。

而瀏覽器滑鼠按鍵提示,是如何產生的?是由程式中送出超連結指令 Click 來實現此功能:

```
client.print("Click <a href=\"/H\">here</a> to turn the LED on<br>");
client.print("Click <a href=\"/L\">here</a> to turn the LED off<br>");
```

因此重點整理如下:

1. 程式中何時送出超連結指令 Click,提示使用者按鍵操作?

2. 按下後會回傳指令 "GET /H" 或是 "GET /L",如何使用資訊?

控制流程分為兩部分:

1. 當連線時,沒有有效資料進入,則送出超連結指令 Click。

2. 當連線時,有資料進入則接收,檢查是否有效指令 "GET /H"、"GET /L"。

控制流程如下:

```
if (client) {    // 是否有裝置連線?
    String currentLine = ""; // 準備字串收資料
    while (client.connected()) { // 當連線時
        if (client.available()) {    // 網路有資料進入資料處理
// 讀取網路資料,顯示出來,判斷字元 c 資料
            char c = client.read(); Serial.write(c);
            if (c == '\n') {   // 收到換行字元
if (currentLine.length() == 0) {// 沒有有效資料
/* 送出 HTTP 通訊回應 OK */ client.println("HTTP/1.1 200 OK");
 client.println("Content-type:text/html"); client.println();
// 送出超連結指令 Click
  client.print("Click <a href=\"/H\">here</a> to turn the LED on<br>");
  client.print("Click <a href=\"/L\">here</a> to turn the LED off<br>");
// 送出命令結束
  client.println();// 送出命令結束
  break;// 離開 while 連線迴圈
```

當連線時,有資料進入則接收,檢查是否有效指令驅動 LED 開關。

檢查是否有效指令 "GET /H" 或是 "GET /L"，接收字串中函數功能 currentLine. endsWith() 來完成此動作，相關程式設計：

```
if (currentLine.endsWith("GET /H"))   digitalWrite(led, HIGH);
if (currentLine.endsWith("GET /L"))   digitalWrite(led, LOW);
```

程式 WLED.INO

```
#include <WiFi.h>
const char* ssid= "xxxx"; // 網路名稱
const char* pass= "xxxx"; // 網路密碼
WiFiServer server(80);
int led=2;
void setup()// 連線設定
{
    Serial.begin(115200);    pinMode(led, OUTPUT);
    delay(10);
    Serial.println();    Serial.println();
    Serial.print("Connecting to ");
    Serial.println(ssid);    WiFi.begin(ssid, pass);
    while (WiFi.status() != WL_CONNECTED) {
        delay(500);    Serial.print(".");    }
    Serial.println("");    Serial.println("WiFi connected.");
    Serial.println("IP address: ");    Serial.println(WiFi.localIP());
    server.begin();
}
//===================
void loop(){
 WiFiClient client = server.available();
  if (client) {   // 是否有裝置連線？
    Serial.println("New Client.");
    String currentLine = ""; // 準備字串收資料
    while (client.connected()) { // 當連線時
      if (client.available()) {    // 網路有資料進入
// 讀取網路資料，顯示出來
        char c = client.read(); Serial.write(c);
        if (c == '\n') {   // 收到換行字元
if (currentLine.length() == 0) {// 沒有有效資料
// 送出 HTTP 通訊回應 OK
  client.println("HTTP/1.1 200 OK");
```

```
client.println("Content-type:text/html");
client.println();
// 送出超連結指令 Click
client.print("Click <a href=\"/H\">here</a> to turn the LED on<br>");
client.print("Click <a href=\"/L\">here</a> to turn the LED off<br>");
// 送出命令結束
client.println();// 送出命令結束
break;
} else  currentLine = "";// 清除舊資料
      }
else if (c != '\r')  currentLine += c;  // 將資料存入

// 檢查是否有效指令 "GET /H"、"GET /L":
  if (currentLine.endsWith("GET /H"))  digitalWrite(led, HIGH);
  if (currentLine.endsWith("GET /L"))  digitalWrite(led, LOW);
      }   }
    client.stop();  Serial.println("Client Disconnected.");
}}
```

11-5 WiFi 顯示溫溼度資料

物聯網基礎是雙向的資料顯示及監控，例如 LED 亮，表示裝置啟動中，熄滅表示裝置關機，最常用的案例是溫度控制，當溫度過高時啟動系統，啟動風扇來降溫，做成一個恆溫控制器，形成一個簡單的閉迴路控制，經由 WiFi 系統可以用 PC 或是手機做監控。

上一實驗已經可以監控 LED 執行狀況，然後結合本節實驗，增加對感知器的監控，當收到連線時，也送出溫度資料，顯示在監控器上，就可以在監控器上看到較新的溫溼度值資料，本節實驗完成這樣子的一個監控實驗。

Arduino 常用溫度偵測實驗，使用的溫度感知器是 DHT11，圖 11-11 為實體圖，一塊模組提供溫度及濕度資料，以單一串列介面雙向控制讀取數位資料，只需一條數位控制線，便可以存取雙組資料，方便實驗進行。DHT11 規格如下：

■ 濕度範圍：20 ～ 90%;。

■ 濕度精度：±5%;。

■ 溫度範圍：0 ～ 50℃。

■ 溫度精度：±2℃。

■ 電源：3 ～ 5V。

■ 存取頻率：2 秒一次。

圖 11-11　DHT11 溫濕度模組實體

安裝程式庫

先安裝 DHT11 程式庫才能做後續實驗，在 Arduino 功能表中，點選草稿碼 / 匯入程式庫 / 管理程式庫，搜尋框中輸入「dht11」，出現相關程式庫，選擇「SimpleDHT」，執行「安裝」。

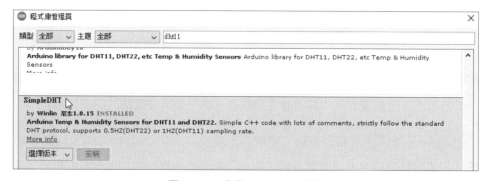

圖 11-12　安裝 DHT11 程式庫

基礎程式中用到：

■ #include <SimpleDHT.h>：載入程式庫。

■ int pinDHT11=4：定義腳位。

■ SimpleDHT11 dht11：宣告物件。

■ dht11.read(pinDHT11, &temperature, &humidity, NULL)：讀溫溼度資料。

執行後，回傳 err 值，是 SimpleDHTErrSuccess，讀取成功，否則讀取失敗。

若讀取成功，temperature 表示溫度值，humidity 表示溼度值。

測試程式

測試程式寫成副程式方式，方便後面實驗程式做整合，執行後開啟監控視窗來看結果，請參考圖 11-13。

圖 11-13 串列介面監控視窗顯示溫濕度值

程式 dht11.ino

```
#include <SimpleDHT.h> // 載入程式庫
int pinDHT11=4 ;// 定義腳位
SimpleDHT11 dht11;// 宣告物件
int te, hu;// 溫溼度資料
//--------------------
void setup() {// 初始化
```

```
  Serial.begin(115200);
}
//--------------------------
void loop() {// 主程式
{
 rd_th();
}
//-------------------
int rd_th() // 取得溫溼度資料
{
    byte temperature = 0;
    byte humidity = 0;
    int err = SimpleDHTErrSuccess;
    if ((err = dht11.read(pinDHT11, &temperature, &humidity, NULL))
      !=SimpleDHTErrSuccess)
    {
     Serial.print("DHT11 failed, err=");
     Serial.println(err);delay(1000); return 0;
    }
    te=(int)temperature; hu=(int)humidity;
    Serial.print("Temp= "); Serial.print(te); Serial.print("C |");
    Serial.print("Hum= ");  Serial.print(hu); Serial.println("%  ");
    delay(2000);  //stable
    return 1;
}
```

實驗目的

測試 ESP32 模組連線 WiFi 監控 LED、溫溼度功能。

實驗電路

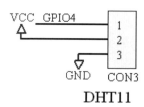

DHT11

圖 11-14 感知器由腳位 GPIO4 控制

感知器由腳位 GPIO4 控制，存取溫溼度值資料。程式設計中當連線時，沒有有效
資料進入，則送出超連結指令 Click，然後再送出溫濕度資料，設計如下：

```
if(rd_th()==1 ) mess_th=String(te)+" C---"+String(hu)+" %";
    else  mess_th="---";
client.println("TEMP :  " + mess_th );
```

mess_th 字串是要送出的字串資料，若溫溼度讀取有效則輸出資料，否則顯示
"---"。

功　　能

當 ESP32 成功連線 WiFi 後，開啟瀏覽器監控，可以控制 LED 點亮或是熄滅，可
以觀察到溫溼度資料。圖 11-15 為執行結果。

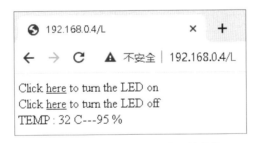

圖 11-15　同步顯示溫濕度監控數值

💻 程式 WLED_TH.INO

```
#include <WiFi.h>// 載入程式庫
const char* ssid= "xxxx"; // 網路名稱
const char* pass= "xxxx"; // 網路密碼
#include <SimpleDHT.h> // 載入程式庫
int pinDHT11=4 ; // 設定 DHT11 腳位
SimpleDHT11 dht11;
int te, hu;
String  mess_th;
WiFiServer server(80);
int led=2; // 設定 LED 腳位
void setup()//WiFi 連線設定
```

```
{
    Serial.begin(115200);      pinMode(led, OUTPUT);
    delay(10);
    Serial.println();     Serial.println();
    Serial.print("Connecting to ");
    Serial.println(ssid);     WiFi.begin(ssid, pass);
    while (WiFi.status() != WL_CONNECTED) {
        delay(500);       Serial.print(".");      }
    Serial.println("");     Serial.println("WiFi connected.");
    Serial.println("IP address: ");      Serial.println(WiFi.localIP());
    server.begin();
}
//----------------------------------------------
void loop(){
 WiFiClient client = server.available();
  if (client) { // 是否有裝置連線？
    Serial.println("New Client.");
    String currentLine = ""; // 準備字串收資料
    while (client.connected()) { // 當連線時
      if (client.available()) { // 網路有資料進入
// 讀取網路資料，顯示出來
        char c = client.read(); Serial.write(c);
        if (c == '\n') { // 收到換行字元
if (currentLine.length() == 0) {// 沒有有效資料
// 送出 HTTP 通訊回應 OK
  client.println("HTTP/1.1 200 OK");
  client.println("Content-type:text/html");
  client.println();
// 送出超連結指令 Click
    client.print("Click <a href=\"/H\">here</a> to turn the LED on<br>");
    client.print("Click <a href=\"/L\">here</a> to turn the LED off<br>");
// 送出溫濕度資料
        if(rd_th()==1 )
mess_th=String(te)+" C---"+String(hu)+" %";
else  mess_th="---";
        client.println("TEMP :  " + mess_th );
// 送出命令結束
  client.println();// 送出命令結束
  break;
} else  currentLine = "";// 清除舊資料
        }
  else if (c != '\r')  currentLine += c;  // 將資料存入
```

```
// 檢查是否有效指令 "GET /H" 、"GET /L":
    if (currentLine.endsWith("GET /H"))  digitalWrite(led, HIGH);
   if (currentLine.endsWith("GET /L"))  digitalWrite(led, LOW);
          }    }
  client.stop();   Serial.println("Client Disconnected.");
}}
//----------
int rd_th()// 讀取溫濕度資料
{
    byte temperature = 0;
    byte humidity = 0;
    int err = SimpleDHTErrSuccess;
    if ((err = dht11.read(pinDHT11, &temperature, &humidity, NULL))
      !=SimpleDHTErrSuccess)
    {
      Serial.print("DHT11 failed, err=");
      Serial.println(err);delay(1000); return 0;
    }
    te=(int)temperature; hu=(int)humidity;
    Serial.print("Temp= "); Serial.print(te); Serial.print("C |");
    Serial.print("Hum= ");  Serial.print(hu); Serial.println("%  ");
    delay(2000);  //stable
    return 1;
}
```

11-6 習題

1. 何謂 NTP，應用為何？

2. 修改程式 WiFi 連線後，將 IP 位址顯示在 LCD 上。

3. 修改程式，由 WiFi 監控 2 組 LED 亮滅控制。

4. 修改程式 WiFi 顯示溫溼度資料，溫度大於 26 度，LED 亮起，顯示出來，溫度過高。

Memo

12

ESP32 控制說中文

由 Arduino 說出中文的設計，有多種方式來做實驗，可以用錄音的方式、用合成的方式、用播放的方式，但是我們考慮系統整合的問題，還有成本，還有容易組裝，容易重複拔插使用，我們選擇用 ESP32 外掛方式來說中文，ESP32 專注於聯網 WiFi 應用，本節實驗採用額外串列介面來做控制，使 ESP32 能說出中文。

12-1 UNO 即插即用說中文

在《Arduino 實作入門與應用》及《Arduino 專題製作：語音互動篇》兩本書中，已經建立了 UNO 說中文的實驗及應用，設計有 MSAY 模組說出中文，請參考圖 12-1，有 3 大特點：

■ 容易拔起插入 UNO 實驗板子。

■ 程式中輸入 BIG5 內碼輸出中文。

■ 提供各式語音互動實驗範例程式。

圖 12-1　舊版 MSAY 模組說出中文

在新的實驗中，為了支援系統整合及應用，有作一些軟體上的修改：

■ 新增遙控器解碼介面：方便測試，能接收紅外線信號，可做分散式控制
應用。

■ 腳位重新定義：方便安裝外殼。

■ 提供串列介面：由外部單晶片控制輸入語音資料，說出中文。

在分散式控制應用系統中，只需要有一組說中文，使用控制信號，達到輸
出各種不同內容中文語音的功能。腳位重新定義，整體占用空間較少，請參考圖
12-2，方便安裝外殼，使語音效果更好。圖 12-3 直接插入實驗母座中，拔插容
易，插入後 2 支腳位空出來。經過設計修改後，ESP32 或是外部單晶片可以經由
額外串列介面，或是紅外線介面控制，傳送輸入語音資料說出中文，一組設計達
到資源共享、應用更多。

圖 12-2　模組調整插入方向，使整體占用空間較少

以 ESP32 做控制，可以有 2 種選擇驅動模組說出中文，分別是額外串列介面、及發射紅外線信號說出中文。原始程式設計中，將字串內容輸出到語音合成模組，設計如下：

```
void say(unsigned char *c)
{
unsigned char c1;
  do{ c1=*c;    op(c1);    c++; } while(*c!='\0');
}
```

在新設計中接收遙控器信號及來自串列介面輸入的字串資料。請參考圖 12-3 直接插入實驗母座中，拔插容易，插入後，露出 2 支腳位。

圖 12-3　直接插入實驗母座中，拔插容易

書中一直用 ESP32 做實驗，原始開發系統需要切換回 UNO 編譯器，請參考圖 12-4，由 ESP32 切換到 UNO，才能順利編譯程式及上傳程式做測試。

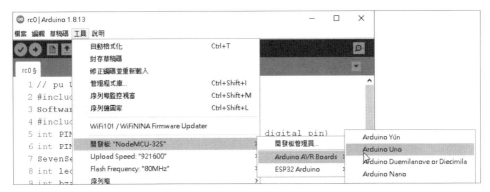

圖 12-4　開發工具由 ESP32 切換到 UNO

實驗目的

可以由串列介面監控視窗、由外部串列介面、或是遙控操作説出語音。

功　　能

■　接收額外串列介面傳入的語音資料，説出語音。

■　接收遙控器信號，説出測試語音。

■　接收電腦按鍵測試語音。

　　程式執行後，輸出「語音合成」內容。打開 PC 串列介面，執行以下動作：

■　按鍵 1：説出 "ARDUIC"，再説出 "NO1"。

■　按鍵 2：説出 "0123456789"，再説出 "NO2"。

　　掃描遙控器接收介面，執行以下動作：

■　按鍵 1：説出 NO1。

■　按鍵 2：説出 NO2。

■　按鍵 3：説出 NO3。

■　按鍵 4：説出 NO4。

來自外部額外串列介面傳入的語音，說出語音，在後面幾節做測試說明。

┌─────┐
│程式設計│
└─────┘

當額外串列介面有資料傳入，則接收到陣列中，並且判斷是否為空字元 '\0'，表示語音資料結束傳送，說出語音內容，驅動 LED，表示語音內容播放完畢。程式設計如下：

```
if (ur1.available() > 0) // 偵測串口有信號傳入
    { c=ur1.read(); mess[i]=c; i++; // 接收資料存入陣列中
        if(c=='\0') // 判斷字元
 {say(mess); mess[0]='\0'; i=0; led_bl();}
    }
```

程式語音內容是以中文 big5 內碼來表示，可以上網查詢做相關資料轉換：請參考圖 12-5，資料來源：https://ace33022.github.io/big5code/。例如：語音合成 big5 內碼陣列表示如下：

```
byte m0[]={0xbb, 0x79, 0xad,0xb5, 0xa6, 0x58, 0xa6,0xa8,0};
```

中文字	UTF8	BIG5
語音合成		查詢
語	E8AA9E	BB79
音	E99FB3	ADB5
合	E59088	A658
成	E68890	A6A8

圖 12-5　中文 big5 內碼查詢

💻 程式 MSY1.ino

```
//UNO 程式
#include <rc95a.h>// 載入遙控器解碼程式
#include <SoftwareSerial.h>   // 載入軟體串口程式庫
SoftwareSerial ur1(2,3); // 定義 RX TX 腳位
int cir =12;// 遙控器解碼腳位
int led = 13; // 設定 LED 腳位
int gnd=14; // 設定地線控制腳位
int v5=15; // 設定 5v 控制腳位
int ck=19; int sd=18; int rdy=17; int rst=16; // 設定語音合成控制腳位
//-----------------------------------
void setup()// 初始化設定
{
  pinMode(cir, INPUT);
  pinMode(v5, OUTPUT);    pinMode(gnd, OUTPUT);
  digitalWrite(v5, HIGH);  digitalWrite(gnd, LOW);   delay(1000);
  pinMode(ck, OUTPUT);
  pinMode(rdy, INPUT);
  digitalWrite(rdy, HIGH);
  pinMode(sd, OUTPUT);
  pinMode(rst, OUTPUT);
  pinMode(led, OUTPUT);
  digitalWrite(rst, HIGH);
  digitalWrite(ck, HIGH);
  Serial.begin(9600);
  ur1.begin(9600);
}
//-----------------------------------
void led_bl()//LED 閃動
{
int i;
 for(i=0; i<2; i++)
  {
   digitalWrite(led, HIGH); delay(150);
   digitalWrite(led, LOW); delay(150);
  }
}
//-----------------------------------
void op(unsigned char c) // 輸出語音合成控制碼
{
unsigned char  i,tb;
```

```
  while(1)
   if(  digitalRead(rdy)==0) break;
    digitalWrite(ck, 0);
     tb=0x80;
      for(i=0; i<8; i++)
        {
// send data bit    bit 7 first o/p
        if((c&tb)==tb) digitalWrite(sd, 1);
          else         digitalWrite(sd, 0);
        tb>>=1;
// clk low
        digitalWrite(ck, 0);
        delay(10);
        digitalWrite(ck, 1);
        }
}
/*-------------------------------------------------------------------*/
void say(unsigned char *c)  // 將字串內容輸出到語音合成模組
{
unsigned char c1;
  do{    c1=*c;
   op(c1);       c++;       } while(*c!='\0');
}
/*----------------------*/
void reset()// 重置語音合成模組
{
 digitalWrite(rst,0);  delay(50);
 digitalWrite(rst, 1);
}
//-------------------------------------------
// 中文 big5 內碼，內容：語音合成
byte m0[]={0xbb, 0x79, 0xad,0xb5, 0xa6, 0x58, 0xa6,0xa8,0};
byte m1[]="ARDUIC";
byte m2[]="0123456789";
char mess[50];
//String mess;
void loop()// 主程式迴圈
{
char k1c,c,i=0;
//char mess[50];

 reset(); led_bl(); say(m0);   say(m1); // 語音合成輸出
```

12-8

```
while(1)  // 無窮迴圈
  {
loop:
  if (Serial.available() > 0)  // 偵測 PC 串口有信號傳入，則語音合成輸出
    { c= Serial.read();  // 有信號傳入
      if(c=='1') { say(m1); say("NO1");    led_bl();      }
      if(c=='2') { say(m2); say("NO2");    led_bl();      }
    }
// 偵測外界控制指令，有信號傳入
  if (ur1.available() > 0)  // 偵測串口有信號傳入
    { c=ur1.read(); mess[i]=c; i++;
      if(c=='\0') {say(mess); mess[0]='\0'; i=0; led_bl();}
    }
// 掃描遙控器接收介面
   no_ir=1; ir_ins(cir); if(no_ir==1) goto loop;
// 發現遙控器信號
   led_bl(); rev();
   for(i=0; i<4; i++)
   {c=(int)com[i]; Serial.print(c); Serial.print(' '); }
   Serial.println(); delay(100);
   if(com[2]==12) say("NO1");
   if(com[2]==24) say("NO2");
   if(com[2]==94) say("NO3");
   if(com[2]==8)  say("NO4");          }  }
```

12-2 UNO 控制說中文

　　MSAY 模組占用 UNO 4 條 I/O 線到 6 線 I/O 線，當 UNO I/O 控制線不夠用，可以經由 1 支腳位額外串列介面，發送控制碼及資料來說出中文。請參考圖 12-6，UNO 經由額外串列介面控制說中文。

圖 12-6　UNO 經由額外串列介面控制說中文

實驗目的

由 UNO 串列介面監控視窗,測試語音模組說出中文。

實驗電路

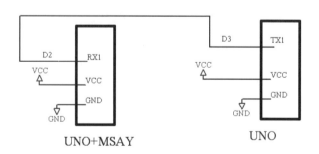

圖 12-7　UNO 經由額外串列介面控制說中文

UNO 經由額外串列介面 D3 輸出語音資料，傳送到 UNO 端額外串列介面 D2 輸入端，接收資料後，說出語音。

┌─────┐
│ 功　　能 │
└─────┘

程式執行後，打開 PC 串列介面，有 3 段測試語音，由按鍵 1、2、3 來做控制：

■ 語音 1：說出 "語音合成"。

■ 語音 2：說出 "ARDUIC"。

■ 語音 3：說出 "0123456789"。

　　圖 12-8 為執行結果，按鍵後，將資料經由額外串列介面送出，由 UNO 接收後控制說中文。

圖 12-8　UNO 經由額外串列介面控制說中文

　　將字串內容經由額外串列介面 ur1 輸出到 UNO 端說中文，設計如下：

```
void say(unsigned char *c)
{
unsigned char c1;
  do{  c1=*c;    ur1.write(c1);    c++;
    } while(*c!='\0');
ur1.write('\0');
}
```

程式 MUNO_TSY1.ino

```
// 中文 big5 內碼，內容：語音合成
byte m0[]={0xbb, 0x79, 0xad,0xb5, 0xa6, 0x58, 0xa6,0xa8,0};
byte m1[]="ARDUIC";
byte m2[]="0123456789";
// tx code ur1 to MSY
#include <SoftwareSerial.h>// 載入軟體串口程式庫
SoftwareSerial ur1(2,3);      // 定義 RX TX 腳位
int led = 13;      // 設定 LED 腳位
//------------------------------------
void setup() { // 初始化設定
  Serial.begin(9600);
  ur1.begin(9600);
  pinMode(led, OUTPUT);
  pinMode(led, LOW);
}
//------------------------------------
void led_bl() //LED 閃動
{
int i;
 for(i=0; i<1; i++)
   {
    digitalWrite(led, HIGH); delay(150);
    digitalWrite(led, LOW);  delay(150);
   }
}
//------------------------------------
void loop() // 主程式迴圈
{
char c;
 led_bl();
 Serial.print("MSY UR1 test : \n");
 while(1)
   {
    if (Serial.available() > 0)
     {
      c=Serial.read();
      if(c=='1') { say(m0); Serial.print("tx-- 語音合成 \n"); led_bl();}
      if(c=='2') { say(m1); Serial.print("tx--ARDUIC\n"); led_bl();}
      if(c=='3') { say(m2); Serial.print("tx--0-9\n");     led_bl();}
     }
```

```
  }
}
//-------------------------------
// 將字串內容經由 ur1 輸出到語音合成模組
void say(unsigned char *c)
{
unsigned char c1;
  do{
    c1=*c;   ur1.write(c1);   c++;
} while(*c!='\0');
 ur1.write('\0');   }
```

12-3 ESP32 控制說中文

　　看過修改後的 MSAY 說中文的程式設計架構，我們就可以由外部串列介面去控制它，也說明過 UNO 程式設計實驗，再來我們看 ESP32 如何去控制它，使用者將會發現串列介面非常好用，而且信號穩定。圖 12-9 為 ESP32 經由額外串列介面控制說中文。

圖 12-9　ESP32 由額外串列介面控制說中文

實驗目的

由 ESP32 串列介面監控視窗，經由額外串列介面測試語音模組說出中文。

實驗電路

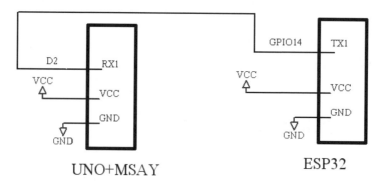

圖 12-10　ESP32 連接 TX1 腳位到 UNO 端控制說中文

ESP 經由額外串列介面 GPIO14 輸出語音資料，傳送到 UNO 端額外串列介面 D2 輸入端，接收資料後，說出語音。

功　能

程式執行後，打開 PC 串列介面，有 3 段測試語音，由按鍵 1、2、3 來做控制：

■　語音 1：說出 "語音合成"。

■　語音 2：說出 "ARDUIC"。

■　語音 3：說出 "0123456789"。

程式 UR1_MSY.ino

```
// 中文 big5 內碼，內容：語音合成
byte m0[]={0xbb, 0x79, 0xad,0xb5, 0xa6, 0x58, 0xa6,0xa8,0};
byte m1[]="ARDUIC";
byte m2[]="0123456789";
#include <HardwareSerial.h>   // 載入程式庫
```

```
HardwareSerial ur1(1);  // 產生額外串列介面 1
int RX1=12;   int TX1=14; // 定義實際輸入及輸出腳位
int led=2;   // 設定 LED 腳位
//-------------------
void setup()  // 初始化設定
{
  Serial.begin(115200);
  pinMode(led, OUTPUT);
// 設定通訊協定
  ur1.begin(9600, SERIAL_8N1, RX1, TX1);
  Serial.print("MSY uart test : \n");
  Serial.print("key 123  \n");
}
//------------------------------
void led_bl()//LED 閃動
{
int i;
 for(i=0; i<1; i++)
  {
   digitalWrite(led, 1); delay(50);
   digitalWrite(led, 0); delay(50);
  }
}
//-----------------------
void loop()// 主程式迴圈
{
   if (Serial.available() > 0)
    {
     char c=Serial.read();
     if(c=='1') { say(m0); Serial.print("tx-- 語音合成 \n"); led_bl();}
     if(c=='2') { say(m1); Serial.print("tx--ARDUIC\n"); led_bl();}
     if(c=='3') { say(m2); Serial.print("tx--0-9\n");     led_bl();}
    }
}
// 將字串內容經由 ur1 輸出到語音合成模組
void say(unsigned char *c)
{
unsigned char c1;
  do{  c1=*c; ur1.write(c1);   c++;
} while(*c!='\0');
 ur1.write('\0');
}
```

12-4 習題

1. 說明如何由 ESP32 控制 MSAY 說中文。

2. 修改 ESP32 程式,執行後說出 "ESP32 控制 MSAY 說中文"。

13

ESP32 控制學習型遙控器模組

13-1　學習型遙控器模組介紹

13-2　ESP32 控制學習型遙控器

很 多人家中客廳書房有很多遙控器，若能整合在一介面，由電腦控制、由手機控制、由平板控制、DIY 自行設計控制都很方便，或是家電自動化應用，這是數位家電控制應用的概念，此時若有一套學習型遙控器模組，便可以開始來做實驗，本章將介紹 ESP32 控制學習型遙控器模組，只需寫數行程式，便可以驅動紅外線遙控的家電，原系統完全不必改裝。

13-1 學習型遙控器模組介紹

很久以前我們接過一個專案，那是溫度控制，希望由程式去自動控制開啟冷氣機，居然有人真的把遙控器拆開來，然後用單晶片去控制它，將遙控器按鍵兩點短路，進而發射出對應控制信號，啟動冷氣機運作來降溫，後來失敗收場，於是找人重新設計。

做過那個案子以後，我們決定開發可馬上學習驗證的學習型遙控器功能，直接測試正常後，搭載單晶片 C 程式設計，成為可程式化遙控器，可以應用於各種情境或是教學，成為智慧型控制器，持續修正線上學習的遙控器功能，於是就是今天看到的可程式化遙控器。

很多人家中客廳或書房有很多遙控器，我們實驗室也有多支遙控器，如圖 13-1，我們常拿來做遙控器實驗及各式應用，學習型遙控器是最基本的控制裝置。它是將多支遙控器常用功能，學習到單一支遙控器上或是控制器上，方便整合到介面做系統整合應用，一般學習型遙控器應用如下：

- 一支遙控器控制多組家電遙控。
- 遙控器故障取代當備用遙控器。
- 連續開啟多組家電應用。
- 定時自動開啟家電。
- 數位家電系統整合。

■ 整合網路控制家電。

圖 13-1 實驗室有多支遙控器用來做測試

有關遙控器介面發射信號，讀者可以參考第 9 章紅外線遙控器實驗，當發射的數位信號被接收後，只要信號夠強，解碼機器便能正確動作。因此想要學習一支遙控器的發射數位信號，可以將資料取樣存入記憶體中再發射，便可以達成控制目的，在實用上，還需要將學到的資料存入斷電資料保存的記憶體內，使得下回開機時，資料有效被取出而發射出去。

圖 13-2 是 L51 學習型遙控器系統架構。該裝置包括單晶片 8051 處理器、記憶體、壓電喇叭、操作按鍵、紅外線發射器、紅外線接收器、接近觸發感知器、電腦連線介面；單晶片 8051 當作系統主控晶片連結各個控制單元；記憶體記憶所學習進來的紅外線信號，將來控制紅外線發射器發射信號控制外部裝置動作；其特徵在於該裝置更包括：紅外線接收器結合記憶體成為紅外線學習介面，收集線上學習進來的遙控器資料，這些資料並經由紅外線發射器發射信號出去；電腦連線介面連結電腦後可以更新資料庫或擴充控制功能。

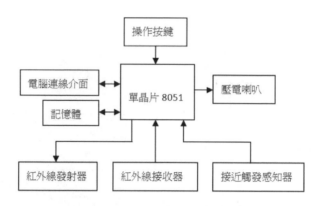

圖 13-2　L51 學習型遙控器系統架構

　　本章將介紹以 ESP32 控制此套系統，學習型遙控器是以 L51 控制板來做執行平台，圖 13-3 學習型遙控器模組，已下載學習型遙控器控制程式來做實驗。實驗版可以學習電視機 17 組遙控器信號。L51 控制板是一片 8051 控制板內建紅外線信號輸入輸出功能，可以下載不同控制程式做不同的應用。

圖 13-3　L51 學習型遙控器模組

此套系統主要特徵如下：

- 8051 為核心開發應用程式，支援應用程式下載功能。

- 支援 8051 程式學習、遙控器應用專題、控制器。

- 支援專題製作教材。

- 網站支援應用程式下載。

- 支援手機遙控有紅外線遙控的裝置或家電應用。

其他功能介紹，可以參考附錄。

因此 L51 學習型遙控器模組應用廣泛，目前支援應用如下：

- 一支遙控器可控制多組家電遙控。

- 接近感應發射控制信號。

- 外加感應器修改應用程式發射控制信號。

- 手機遙控有紅外線遙控的裝置或家電。

- 應用程式支援 8051 C 語言 SDK，支援遙控器學習功能。

- 支援紅外線信號分析器展示版本，支援電腦遙控器碼學習、儲存、發射。

- 紅外線信號分析器展示版本，支援電腦應用程式發射遙控器信號。

- 可由電腦發射信號控制家電等應用。

- 支援 UART 串口介面指令。

　　不管是 8051、ESP32、Arduino、其他單晶片，只要有串列介面功能，可以自己熟悉的硬體控制遙控器介面做應用，只需寫數行程式，便可以驅動作應用。L51 學習型遙控模組有程式碼下載功能，因此下載新版應用程式，可以支援不同的應用，目前支援有紅外線信號分析器功能，由電腦做遙控器信號碼學習、儲存及發射，可由電腦應用程式發射遙控器信號，做數位家電控制應用實驗。有興趣做遙控器進階實驗的朋友可以參考附錄說明。

13-2 ESP32 控制學習型遙控器

學習型遙控器模組支援有串列介面控制指令，使用者可以經由 TTL 串列介面，直接下達指令控制碼來做實驗，因此，可適合不同的硬體工作平台來做實驗。串列通訊傳輸協定為 (9600,8,N,1)，鮑率 9600 bps，8 個資料位元，沒有同位檢查位元，1 個停止位元。外部指令控制碼如下：

■ 控制碼 'L'+'0'--'9'：學習一組信號。

■ 控制碼 'T'+'0'--'9'：發射一組信號。

只要由串列介面發送 'L' 或 'T' 控制碼，便可以驅動學習型遙控器學習或是發射內部這 17 組信號，用於一般的實驗上，模組功能是可以依需要或規格客製化繼續擴充的。

ESP32 系統使用串列介面來下載程式，並做程式執行除錯監控用，當此二腳位不能同時與外部串列介面做連線。可以利用 ESP32 系統提供的額外串列介面程式庫所提供的功能，指定產生額外串列介面來做應用，由其他的數位接腳來做串列介面通訊應用。實驗中指定產生 ur1 串列介面，由 GPIO12 接收，由 GPIO14 發射，連接實驗如圖所示 13-4。實際連接只有連接發射腳位到 L51 接收，另一腳位為接地線，中間腳位空接。

圖 13-4　ESP32 控制學習型遙控器 L51 連線

Arduino 系統相關程式庫功能使用如下：

```
#include < HardwareSerial.h > // 引用串列程式庫
HardwareSerial ur1(1); // 引用第一組
int RX1=12; // 指定產生 ur1 串列介面腳位
int TX1=14; // 設定傳輸協定鮑率 9600
ur1.begin(9600, SERIAL_8N1, RX1, TX1);
ur1.print(x);// 串列介面格式輸出變數
ur1.write(b);// 串列介面輸出二進位資料
if (ur1.available() > 0) // 若串列介面有資料進入
{ c=ur1.read();   }// 讀取資料
```

有了這些功能，便可以輕易由額外串列介面來驅動學習型遙控器，學習或是
發射內部遙控器信號，程式設計如下：

```
void op(int d) // 發射內部某組遙控器信號
{
 ur1.print('T');  // 輸出 'T' 控制碼
 led_bl();       // 延遲
 ur1.write('0'+d); // 輸出指定某組數字，需要輸出 '0' ～ '9'
 Serial.write('0'+d); // 輸出數字 '0' ～ '9' 到原先串列介面顯示除錯用
}
void ip(int d) // 學習內部某組遙控器信號
{
 ur1.print('L');  // 輸出 'L' 控制碼
 led_bl();       // 延遲
 ur1.write('0'+d); // 輸出指定某組數字'
}
```

其中輸出數字 '0' ～ '9' 到外部模組需要用 ur1.write() 函數，由串列介面輸出
二進位資料，而不能用 ur1.print() 函數，設計及除錯如下：

```
ur1.write('0'+d); // 輸出指定某組數字需要 '0' ～ '9'
Serial.write('0'+d); // 除錯是輸出數字 '0' ～ '9' 到原先串列介面顯示出來
```

若沒有串列介面顯示輸出結果，實驗會很難除錯。

測試 ESP32 驅動學習型遙控器學習 / 發射遙控器信號。

功　　能

請參考圖 13-5 電路，程式執行後，開啟串列監控視窗，指令如下：

■　數字 1：發射第 0 組遙控器信號。

■　數字 2：學習第 0 組遙控器信號。

電　路　圖

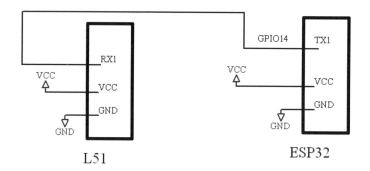

圖 13-5　ESP32 驅動學習型遙控器實驗電路

📟 程式 ur1_L51.ino

```
#include <HardwareSerial.h> // 載入程式庫
HardwareSerial ur1(1); // 使用 UART1
int RX1=12; // 指定產生 ur1 串列介面腳位
int TX1=14;
int led=2;  // 設定 LED 腳位
//--------------------
// 初始化介面
void setup()
{
  Serial.begin(115200);
  pinMode(led, OUTPUT);
```

```
  ur1.begin(9600, SERIAL_8N1, RX1, TX1); //12RX 14TX
  Serial.print("IR uart test : \n");
  Serial.print("1:txIR0    2:Learn:IR0  \n");
}
//-------------------------------
void led_bl()//LED 閃動
{
int i;
 for(i=0; i<1; i++)
   {
    digitalWrite(led, 1); delay(50);
    digitalWrite(led, 0); delay(50);
   }
}
//------------------------
void op(int d)// 送出發射指令
{
 ur1.print('T');   led_bl();
 ur1.write('0'+d); led_bl();
}
//--------------------------------
void ip(int d)// 送出學習指令
{
 ur1.print('L');led_bl();
 ur1.write('0'+d);led_bl();
}
//--------------------------------
void loop()// 主程式
{
   if (Serial.available() > 0)
    {
     char c=Serial.read();
     if(c=='1') { Serial.print("op0\n"); op(0); led_bl();}
     if(c=='2') { Serial.print("ip0\n"); ip(0); led_bl();}
    }
}
```

13-3 習題

1. 說明學習型遙控器模組工作原理。

2. 說明電腦發射信號控制遙控器家電的方法。

3. 說明 ESP32 控制有紅外線遙控的家電,原系統完全不必改裝的方法。

ESP32 控制錄音聲控

CHAPTER

在某些應用場合，特定語者辨認聲控技術，有它應用的方便性，可以直接錄音訓練即時更改辨認命令，不限定語言聲控，國語、台語、英語、客家語都可以，但是只限個人使用，本章介紹 ESP32 如何做不限定語言聲控辨認實驗，錄什麼音就辨認什麼音。

14-1 聲控模組介紹

語音辨認技術基本上分為兩大類：特定語者及不特定語者。

不特定語者

任何使用者不需要事先對辨認系統訓練，皆可以使用聲控系統，此時系統資料庫中已經包含不同種性別、年齡的口音，這種聲控系統是一種最完美實用的系統。這是較困難的技術，過去經過大廠的研發已成為成熟技術，常見的為 Google 聲控輸入及聲控查詢，結合雲端技術，中文或是英文版本都非常穩定。

特定語者

辨認系統只能辨認某一特定使用者的聲音，使用者在第一次使用此系統時，需將所有要辨認的字彙唸過一到二次，當做語音參考樣本。此過程稱為語音訓練，手機聲控撥號便是特定語者，語音辨認的應用。使用手機的主人先輸入人名，下回辨認時，只需説出人名，便可以辨認人名及出現對應的電話號碼並撥出電話。過去市面上產品，便是此一技術的應用，誰來訓練説出語音，辨認時會很準確，當然如果訓練時是男生的語音，若其他的男生來辨認，只要腔調及音頻不要差異太大，仍然可以辨認出來。如果訓練時是女生的語音，男生來辨認則無法辨認。

　　而特定語者特定字彙聲控應用技術，因為是經由錄音來建立資料庫，個人要先錄音才能使用，有其不方便之處，但是在許多應用上，卻有其方便之處，例如可以線上直接錄音修改關鍵字，方便實驗測試。實驗室使用 VCMM（聲控模組）來做不限定語言聲控應用相關實驗，VCMM 聲控模組，請參考圖 14-1，採用特定語者聲控技術來做應用實驗，可以直接錄音修改關鍵字，特點如下：

■　系統由 8051 及聲控晶片 RSC-300（TQFP 64 PIN 包裝）組成。

■　8051 使用 4 條 I/O 線來控制聲控晶片。

■　本系統適合特定語者的單音、字、詞語音辨識。

■　不限定說話語言，國語、台語、英語皆可。

■　可做特殊聲音偵測實驗。

■　具有自動語音輸入偵測的功能。

■　特定語者辨識率可達 95% 以上，反應時間小於 1 秒。

■　系統參數及語音參考樣本一旦輸入後資料可以長久保存。

■　系統採用模組化設計，擴充性佳，可適合不同的硬體工作平台。

■　線上訓練輸入的語音可以壓縮成語音資料，而由系統說出來當作辨認結果確認。

■　系統包含有英文的語音提示語做語音動作引導。

■　系統可以擴充控制到 60 組語音辨識。

■　內建 4 只按鍵開關及串列通訊介面。

圖 14-1　VCMM 聲控模組

　　在過去智慧手機及聲控技術還沒有完成發展成熟時，最大的聲控市場是玩具和撥號，全世界各玩具大廠都是用 RSC-300 系列晶片來做設計，於是我們就用它來做教材設計，開發出 VCMM 聲控模組，也花很多時間驗證它的穩定性。它除了用來做聲控玩具以外，還有內建聲控撥號功能，是一個相當成功應用普遍的聲控晶片。

　　後來隨著自己測試實驗外，還有客戶端的特殊應用實驗，還有一些教材應用的案例開發，發展成各式各樣的應用，可以以 C 程式碼，很容易地嵌入到各種系統當中做聲控應用實驗，PLC 也有人拿來做實驗，只要連接到串列介面，便可以跨平台做應用，使應用更為廣泛，陸續完成了不少的特殊實驗。把優點整理如下：

- 不限定語言聲控,應用於語音、聲音、特殊聲音偵測。

- 只要能錄音,各種聲音都可以做實驗,先錄音,後辨認。

- 一旦可以聲控,便可以寫 Arduino、ESP32 程式來控制,做可程式化聲控應用。

- 特殊聲音辨認,如嗶嗶嗶聲音偵測,開水燒開——斯斯斯聲音偵測。

其實最大方便的地方是不需要寫程式,便直接可以快速做聲控實驗驗證。

14-2 ESP32 控制聲控模組

VCMM 系統含外部 8051 及 ESP32 串列控制應用範例程式,並支援有串列介面控制指令,使用者可以經由串列介面,直接下達指令控制碼來做實驗,因此,可適合不同的硬體工作平台來做實驗。串列通訊傳輸協定定義如下:

- 鮑率 9600 bps。

- 8 個資料位元。

- 沒有同位檢查位元。

- 1 個停止位元。

外部指令控制碼如下:

- 控制碼 'l':語音聆聽,操作同按下板上 S1 鍵,聽取目前語音命令內容。

- 控制碼 'r':語音辨認,操作同按下板上 S2 鍵,啟動聲控。

- 控制碼 'R':靜音進行語音辨認,啟動聲控時沒有提示語。

當外部裝置送出語音辨認控制碼 'r',等待約 1 秒後,VCMM 送出如下控制碼表示辨認結果:

- err:辨認無效,可能是沒有偵測到語音,時間到後回覆辨認無效。

■ ans@ab：ab 為所辨認的語音樣本編號編碼。實際辨認結果編號為 no no=10xa+b　no 有效值為 0 ～ 59。

外部裝置經由串列介面與 VCMM 聲控板串列介面連線，做雙向連線互動控制實驗或是應用。相關程式設計如下：

```
#include <HardwareSerial.h> // 引用串列程式庫
HardwareSerial ur1(1);
int RX1=12; // 指定產生 ur1 串列介面腳位
int TX1=14;
```

設定一字串變數 echo，接收語音辨認結果，當 echo 內容有 "err" 訊息，則資料無效。程式為：

```
if (echo.indexOf("err")>=0) Serial.println("xxx");
```

當 echo 內容有 "ans" 訊息，則資料有效。取出答案，答案索引值為 00 到 59，存於字串變數陣列位置 4、5，程式為：

```
ans=(echo[4]-0x30)*10+echo[5]-0x30;
```

因此副程式設計如下：

```
void vc()   // 語音辨認
{
String echo=""; // 字串收語音辨認結果
 ur1.print('r'); delay(2000);      Serial.print('>');
// 等待資料進入，讀取字串
 while(1)    if (ur1.available() > 0)
  { echo=ur1.readString();  break;}
 Serial.print(echo); // 顯示字串，除錯參考

// 資料無效
 if (echo.indexOf("err")>=0) Serial.println("xxx");
// 例如 ans@03 資料有效
  else   {ans=(echo[4]-0x30)*10+echo[5]-0x30;
```

```
    Serial.print("ans="); Serial.println(ans);  }
// 清空接收緩衝器
if (ur1.available() > 0) ur1.readString();
}
```

實驗目的

ESP32 經由額外串列介面連線 VCMM，做相關聲控實驗。

電路圖

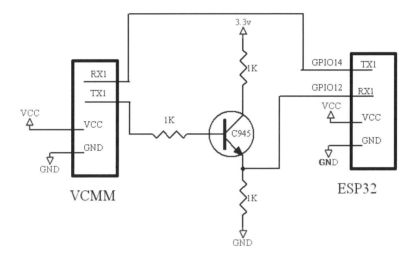

圖 14-2　聲控實驗電路

　　電路分析如下：ESP32 額外串列介面 TX1 送出信號到 VCMM RX1 接收，信號可以解讀，如 "I" 聆聽指令。VCMM 聲控後傳回字串給 ESP32，ESP32 收到卻是亂碼，原因是 ESP32 電壓準位是 3.3V，需要轉換電路。如何設計出轉換電路？ 5V轉 3.3V 串列介面信號轉換，重點思考：

■　輸入到 ESP32 端要 3.3V，一定要有一個輸出端輸出是拑位在 3.3V。

■　透過電阻降壓，驅動能力不夠。

■　需要透過電晶體。

微處理機常用電晶體當作反向器控制，是使用集極腳位輸出，用於介面隔離或是驅動介面，如控制繼電器開關電源使用。類似電路也可以設計成非反向放大器，稱為電壓隨耦器，由電晶體射極端輸出，信號不會反向，還有穩定效果，這是實驗重點，剩下偏壓設計，使用電阻調整，最後實驗效果可以，可以接收字串資料，於是確認電路。

圖 14-3 為 ESP32 經由額外串列介面，連接到 VCMM 串列介面，做雙向資料傳送實驗，經過轉換電路後，ESP32 將穩定接收 VCMM 辨認後傳回的字串資料。

圖 14-3　ESP32 驅動 VCMM 聲控實驗拍照圖

程式執行後，開啟串列介面監控視窗可以監看執行結果。如圖 14-4 所示，出現電腦按鍵功能提示：

■　數字 1：聆聽聲控命令。

■　數字 2：執行聲控。

按 1 聆聽聲控命令，知道系統目前錄音資料庫內容為何。

按 2 執行聲控，聲控後出現 ">" 表示 VCMM 回傳字串結果，由程式判讀取出答案。

顯示結果，執行聲控後系統分別回覆：

■ err：辨認無效，顯示 "xxx"。

■ ans@00：表示辨認結果是編號 0 語音，並說出內容。

■ ans@01：表示辨認結果是編號 1 語音，並說出內容。

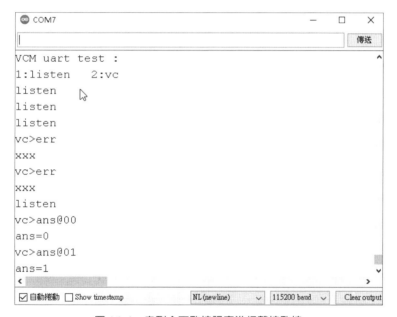

圖 14-4　串列介面監控視窗進行聲控監控

💾 程式 ur1_vcm.ino

```
#include <HardwareSerial.h> // 引用串列程式庫
HardwareSerial ur1(1);
int RX1=12; // 指定產生 ur1 串列介面腳位
int TX1=14;
int led=2; //LED 腳位
int ans;     // 設定辨認結果答案
```

```
//-------------------------------------
void setup()  // 初始化介面
{
  Serial.begin(115200);
  pinMode(led, OUTPUT);
  ur1.begin(9600, SERIAL_8N1, RX1, TX1); //12RX 14TX
  Serial.print("VCM uart test : \n");
  Serial.print("1:listen    2:vc  \n");
  if (ur1.available() > 0) ur1.readString();
}
//-----------------------------
void led_bl() //LED 閃動
{
int i;
 for(i=0; i<1; i++)
  {
   digitalWrite(led, 1); delay(50);
   digitalWrite(led, 0); delay(50);
  }
}
//------------------------
void listen()// 語音聆聽
{
 ur1.print('l');
}
//------------------------------
void vc()   // 語音辨認
{
String echo="";
 ur1.print('r'); delay(2000);      Serial.print('>');
 while(1)   if (ur1.available() > 0)
   { echo=ur1.readString();   break;}
 Serial.print(echo);

 if (echo.indexOf("err")>=0) Serial.println("xxx");
  else  {ans=(echo[4]-0x30)*10+echo[5]-0x30;   //ans@03
   Serial.print("ans="); Serial.println(ans);
  }
if (ur1.available() > 0) ur1.readString();
}
//----------------------------------
void loop()// 主程式
```

```
{
  if (Serial.available() > 0)
   {
    char c=Serial.read();
    if(c=='1') { Serial.print("listen\n"); listen(); led_bl();} // 聽取內容
    if(c=='2') { Serial.print("vc\n");  vc();  led_bl(); } // 啟動聲控
   }
}
```

14-3 習題

1. 何謂特定語者語音辨認系統？

2. 何謂不特定語者語音辨認系統？

3. 何謂語音訓練階段及語音辨認階段？

Memo

15

ESP32 控制中文聲控模組

本章將介紹以 ESP32 控制中文聲控模組，只需寫數行程式，便可以輕易建立聲控應用平台，開始作聲控應用實驗，更酷的是中文聲控模組可以串接學習型紅外線遙控裝置應用，聲控後啟動想要控制的裝置。中文聲控模組本身便可以獨立操作，若結合 ESP32 控制應用更廣，可做應用實驗比您想像還多。

15-1 中文聲控模組介紹

現在許許多多的行動裝置都內建聲控功能，聲控未來應用更廣，是傳統電子及非電子裝置，創新應用的極佳整合關鍵技術！因此，有了 VI 中文聲控模組，請參考圖 15-1，將可以快速開發出各式多元化有創意的應用或是實驗。

圖 15-1　VI 中文聲控模組

功　能

■　使用前不必錄音訓練，以不特定語者辨認技術設計，只要講國語，都可聲控。

●　不特定語者：使用前不需要先對辨認系統錄音訓練，所有華人說國語的地區都可以使用。

- 特定字彙：系統一次可以辨認 60 組中文片語或詞句，中文單句音長度至多 6 個中文單字。

- 含語音合成功能：可說出聲控命令提示語，方便聲控及驗證聲控結果。

- 支援 4 種聲控模式：

  (1) 按鍵觸發，直接說聲控命令。

  (2) 連續聲控，直接說聲控命令，不必按鍵啟動。

  (3) 前置語觸發連續聲控，先說前置語再說聲控命令，連續聲控。

  (4) 串列通訊指令。

■ 內建聲控移動平台控制聲控命令：停止、前進、後退、左轉、右轉、展示，可以經由電腦，直接輸入中文修改聲控命令，再下載做各式聲控命令實驗。

■ 利用本套系統可以自行設計獨立操作型，不特定語者中文聲控系統。

■ 支援程式下載功能及聲控 SDK 8051 程式發展工具。

■ 不特定語者辨識率，安靜環境下可達 90% 以上，反應時間 1 秒。

■ 系統參數一旦輸入後資料可以長久保存。

■ 系統採用模組化設計，擴充性佳，可適合不同的硬體工作平台。

■ 聲控命令可由系統說出來當作辨認結果確認。

■ 需外加 +5V 電源供電或是電池操作。

■ 內建串列通訊介面。

15-2 遙控裝置免改裝變聲控實驗

三年前實驗室執行一個「聲控我的家」計畫，將家中一些有遙控器的裝置，免改裝變為聲控。這是 20 年前實驗室一直想做的一個產品設計，那就是聲控紅外線遙控器。看似簡單的一個產品，卻要整合很多的介面技術，其實概念很簡單，用心的讀者一定想到 L51 的學習型遙控器功能了，只要加上中文聲控模組

VI，VI 上設計有紅外線發射電路，便可以做家中遙控器裝置免改裝變為聲控的實驗。

新版 VI 支援應用程式下載功能及聲控 SDK 8051 程式發展工具，因此家中遙控器裝置免改裝變為聲控的實驗更簡單，無須連網就可以做中文聲控的實驗，可以分為三大類：

■ 一般有遙控器家電：電視、冷氣機、電風扇。

■ 有遙控器的玩具及特殊裝置。

■ arduino、ESP32 DIY 的遙控裝置。

都可以經由 L51 整合進來，只需用一支遙控器，控制要控制的裝置，方便測試，測試正常後，都可以由程式去控制它啟動。

■ 例如：家中電視遙控器，使用 L51 整合進來，家中多出一支電視遙控器來，手機也可以操作。

■ 例如：VI 內建聲控車測試指令如下：停止、前進、後退、左轉、右轉、展示、唱歌、音效。説出「前進」，發射紅外線信號，使 arduino 遙控車「前進」。也可以發射紅外線信號驅動 L51 動作，轉為發射其他有遙控器的玩具信號。只要先將玩具遙控器的信號學習到 L51，玩具也算是種特殊裝置，免改裝也可以開始做聲控實驗。

15-3 ESP32 控制中文聲控模組

中文聲控模組 VI 支援有串列介面控制指令，使用者可以經由串列介面，直接下達指令控制碼來做實驗，因此，可適合不同的硬體工作平台來做實驗。由專案實作中，可以發現串列介面有很多優點，可以善加利用，用 C 語言設計，到處都可以應用，軟體都可以直接移植應用。特別是 ESP32 具有多組串列介面，因此在設計上很有彈性。

　　由於 VI 內建遙控器信號發射能力，可以直接驅動 L51 遙控器學習模組，就可以實現遙控裝置免改裝變聲控實驗，完全由 C 程式控制，經由低成本遙控器介面做串聯與應用。

　　串列通訊傳輸協定也是定義為 (9600,8,N,1)，鮑率 9600 bps，8 個資料位元，沒有同位檢查位元，1 個停止位元。

　　外部指令控制碼如下：

■　控制碼 'l'：語音聆聽，操作同按下板上 S1 鍵，聽取目前語音命令內容。

■　控制碼 'r'：語音辨認，操作同按下板上 S2 鍵，啟動聲控。

　　ESP32 板子可以直接經由串口介面做除錯測試，經由額外串口介面與 VI 聲控板串口介面連線，做發射與接收連線互動控制實驗。相關程式設計如下：

```
#include <HardwareSerial.h> //引用串列程式庫
HardwareSerial ur1(1);
int RX1=12; //指定產生 ur1 串列介面腳位
int TX1=14;
```

　　設定一字串變數 echo，接收語音辨認結果，當 echo 內容有 "err" 訊息，則資料無效。程式為：

```
if (echo.indexOf("err")>=0) Serial.println("xxx");
```

　　當 echo 內容有 "ans" 訊息，則資料有效。取出答案，答案索引值為 00 到 59，存於字串變數陣列位置 4、5，程式為：

```
ans=(echo[4]-0x30)*10+echo[5]-0x30;
```

　　因此副程式設計如下：

```
void vc()   // 語音辨認
{
```

```
String echo=""; // 字串收語音辨認結果
 ur1.print('r'); delay(2000);      Serial.print('>');
// 等待資料進入，讀取字串
 while(1)    if (ur1.available() > 0)
   { echo=ur1.readString();  break;}
 Serial.print(echo); // 顯示字串，除錯參考

// 資料無效
 if (echo.indexOf("err")>=0) Serial.println("xxx");
// 例如 ans@03 資料有效
  else   {ans=(echo[4]-0x30)*10+echo[5]-0x30;
   Serial.print("ans="); Serial.println(ans);  }
// 清空接收緩衝器
if (ur1.available() > 0) ur1.readString();
}
```

> 實驗目的

ESP32 控制板連接聲控模組，測試 VI 聲控是否動作。

> 電 路 圖

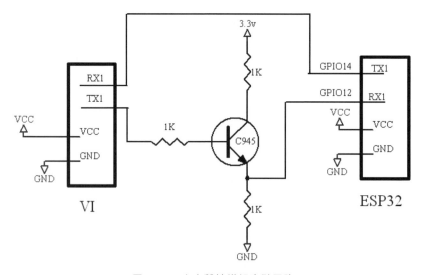

圖 15-2　中文聲控模組實驗電路

ESP32 額外串列介面 TX1 送出信號到 VI RX1 接收，信號可以解讀，如 "I" 聆聽指令。VI 聲控後傳回字串給 ESP32，ESP32 收到卻是亂碼，原因是 ESP32 電壓準位是 3.3V，需要轉換電路。如何設計出轉換電路？ 5V 轉 3.3V 串列介面信號轉換，此電路已於 14 章分析過，原理相同。下回若遇到類似問題，可以善加利用。

┌───────┐
│ 功　　能 │
└───────┘

ESP32 板子，經由串口介面按鍵做測試功能設定，與顯示觀察來做除錯，經由額外串口介面與 VI 聲控板串口介面連線，作互動聲控實驗。測試功能設定如下：

■　數字 1：聆聽聲控命令。

■　數字 2：執行聲控。

圖 15-3 為實作連線拍照圖。程式執行後，開啟串列介面監控視窗，如圖 15-4 所示，出現電腦按鍵功能提示。先執行聆聽聲控命令，知道系統目前資料庫內容為何，再執行聲控，可以陸續觀察系統回覆：

■　err：辨認無效，顯示 "xxx"。可能是沒有偵測到語音，時間到後回覆辨認無效。

■　ans@05：表示辨認結果是編號 5 語音，並說出內容。

■　ans@02：表示辨認結果是編號 2 語音，並說出內容。

因此經由串列介面監控視窗，可以清楚監控 ESP32 板子與 VI 聲控板互動連線的運作情況。

圖 15-3　VI 實作連線拍照圖

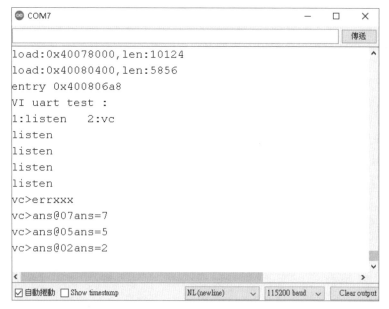

圖 15-4　串列介面監控視窗進行 VI 聲控監控

🖥️ 程式 ur1_xvi.ino

```
#include <HardwareSerial.h> //引用串列程式庫
HardwareSerial ur1(1);
int RX1=12; // 指定產生 ur1 串列介面腳位
int TX1=14;
int led=2; //LED 腳位
int ans;      // 設定辨認結果答案
//-------------------------------------
void setup() // 初始化介面
{
  Serial.begin(115200);
  pinMode(led, OUTPUT);
  ur1.begin(9600, SERIAL_8N1, RX1, TX1); //12RX 14TX
  Serial.print("VI  uart  test : \n");
  Serial.print("1:Listen    2:Vc  \n");
  if (ur1.available() > 0) ur1.readString();
}
//---------------------------
void led_bl() //LED 閃動
{
int i;
 for(i=0; i<1; i++)
  {
    digitalWrite(led, 1); delay(50);
    digitalWrite(led, 0); delay(50);
  }
}
//-----------------------
void listen()// 語音聆聽
{
 ur1.print('l');
}
//-------------------------------
void vc()  // 語音辨認
{
String echo="";
 ur1.print('r'); delay(2000);     Serial.print('>');
 while(1)    if (ur1.available() > 0)
  { echo=ur1.readString();  break;}
 Serial.print(echo);
```

```
 if (echo.indexOf("err")>=0) Serial.println("xxx");
  else  {ans=(echo[4]-0x30)*10+echo[5]-0x30;   //ans@03
   Serial.print("ans="); Serial.println(ans);
  }
if (url.available() > 0) url.readString();
}
//----------------------------------
void loop()// 主程式
{
   if (Serial.available() > 0)
    {
     char c=Serial.read();
     if(c=='1') { Serial.print("listen\n"); listen(); led_bl();} // 聽取內容
     if(c=='2') { Serial.print("vc\n");  vc();  led_bl(); } // 啟動聲控
    }
}
```

15-4 習題

1. ESP32 控制外部模組最方便的方式為何？

2. 一般常用串列通訊傳輸協定為何？

3. 說明遙控裝置免改裝變聲控的原理為何？

ESP32 多合一功能體驗應用

16-1　設計理念

16-2　展示功能

16-3　資源整合及設計

看 過相關的介紹以後，初學者一定認為模組這麼複雜，如何做整合應用，其實還有很多基礎的未探索出來。資源太多，造成學習的困難，困難度增加。但是已呈現的資料，已經夠入門者做一些常用的功能整合，善用一個 SoC 模組而言已經是物超所值了，本章作一個這樣子的範例設計及展示。

(16-1) 設計理念

　　一個 ESP32 SoC 模組內鍵 WiFi、藍牙、雙核心處理器，在教材資源應用上太豐盛了，問題是如何整合出來？需要程式運作，才能成為一套有價值的教具或是其他應用。於是我們做這樣的實驗，試著去呈現這樣子的一個展示系統。最後實驗結果，WiFi、藍牙二者不能整合在一起，因為程式碼太大，有實驗結果可參考。

　　WiFi 與藍牙程式無法同時存在同一支程式當中，WiFi 因為可以存取一些網路上面的資訊，先做整合實驗展示。若能再另外整合藍牙的功能，同樣也可以整合出另外一套作品，完整的呈現藍牙應用的價值。

(16-2) 展示功能

　　展示功能需要使用遙控器做切換，功能如下：

■　按鍵 1：倒數 10 分鐘。

■　按鍵 2：倒數 20 分鐘。

■　按鍵 3：倒數 30 分鐘。

■　按鍵 4：倒數 40 分鐘。

■　按鍵 5：倒數 50 分鐘。

■　按鍵 6：顯示遙控器按鍵輸入解碼值。

■ 按鍵 7：樂透機應用。

■ 按鍵 8：量測電池電壓過低，低於 1.2V 嗶嗶聲叫。

■ 按鍵 9：量測實驗杜邦線接觸不良，正常接線短路則嗶嗶聲叫。

　　一般功能是生活應用的時間及計時器，開機後，偵測不到 WiFi 訊號，還可以執行倒數計時功能（圖 16-1）。展示程式遙控器按鍵設定，可以音階演奏、自動量測功能、計時器。開機後，偵測到 WiFi 訊號，則更新時間（圖 16-2）。以遙控器來切換倒數時間功能，按鍵 2，倒數 20 分鐘設定（圖 16-3）。按鍵 7 或接觸觸控接腳，產生 6 位數樂透碼，測試當天幸運指數（圖 16-4）。

　　對於常做實驗的人，可以做工程師自動量測功能測試，如遙控器按鍵輸入偵測，量測電池電壓過低，低於 1.2V 嗶嗶聲叫（圖 16-5），量測實驗杜邦線是否接觸不良（圖 16-6）。

　　展示功能，除了作生活應用、自動量測功能應用外，也可以對 C 程式功能做管理，下回類似功能，可以由此次設計中找出來做整合應用。

圖 16-1　開機後，偵測不到 WiFi 訊號，還可以執行倒數計時功能

圖 16-2　開機後，偵測到 WiFi 訊號，則更新時間

圖 16-3　按鍵 2，倒數 20 分鐘設定。

圖 16-4　做樂透機實驗

圖 16-5　按鍵 8，量測電池電壓

圖 16-6　按鍵 9，測試一下杜邦線是否接觸不良

16-3 資源整合及設計

　　這節將說明複雜實驗如何開始發展做測試，做資源整合，經過 4 大過程：

■　建立基礎實驗測試平台。

■　完成主要功能。

■　附加功能。

■　相關問題。

建立基礎實驗測試平台

　　書中前幾章介紹 ESP32 相關資源，搭載 LCD 顯示模組、壓電喇叭、遙控介面，就是基礎實驗測試平台，開發測試時連接電腦，可以用電腦端串列監控介面進行變數除錯，測試完成後，就可以脫離電腦，以遙控介面單機操作各種測試功能。基礎實驗測試平台加上必要的感知器，就可以發展專案測試。

完成主要功能

展示機主要功能如下：

■ 開機後，偵測到 WiFi 信號，可以測試 WiFi 功能是否正常？可以在 WiFi 環境下做測試，正常用，以後也可以用 ESP32 機台來測試 WiFi 分享器機台。

■ 有 WiFi 信號後，就先更新系統時間，就可以做一般時間顯示。

■ 倒數計時功能是日常生活中重要的功能，先設計測試倒數計時參數，由遙控器操作設定。

附加功能

遙控器操作設定可以做功能選項，或是參數設定，用來執行附加功能設計，非常方便，附加功能以自動量測為主，設計如下：

■ 按鍵 1 到 5：倒數計時時間設定。

■ 按鍵 6：顯示遙控器解碼資料。

■ 按鍵 7：樂透機資料產生。

■ 按鍵 8：量測電池電壓過低，低於 1.2V 嗶嗶聲叫。

■ 按鍵 9：量測實驗杜邦線接觸不良，正常接線短路則嗶嗶聲叫。

將日常生活中常用功能設計到機台中，平時就可以做功能使用，上課時作教具及教學展示機。有新的實驗程式可以陸續增加進去，一來改進教材，二來增加 ESP32 機台更具有價值，學員學習也有成就感。初學者上完課程後，就擁有一台可程式化的控制機台，可以隨心所欲設計、增加新功能，設計出自己想要的程式功能。

相關問題

測試 ESP32 期間出現很多實驗的困擾，例如，網路買來的 ESP32 模組是不良品、常常無法上傳程式、外加 LCD 模組燒毀、編譯器編譯速度過慢，因此想將一些常用功能，整合在一起，方便管理及展示。

而 ESP32 SoC 模組內鍵 WiFi、藍牙、雙核心處理器，若繼續探索，應該可以發展設計出更有用的大型程式。但是 WiFi 與藍牙功能不能同時存在、啟動，請參考圖 16-7 執行結果，當一起加入進行編譯，結果程式碼大小超過 105%，合併計畫停止。只好調整一下功能，二者功能程式無法做整合，先做 WiFi 整合實驗展示。再另外整合藍牙的功能，經由遙控器操作，方便生活應用操作及展示。

```
217  if(c==0){ led_bl();  be(); be();  menu();}}
218
219 //8--no function
220  if(c==8){ led_bl();  be(); be();  }
221
222 //4--LOT test ====
```

開發板 NodeMCU-32S 編譯錯誤   複製錯誤訊息

草稿碼使用了 1376605 bytes (105%) 的程式儲存空間。上限為 1310720 bytes。
全域變數使用了 51904 bytes (15%) 的動態記憶體，剩餘 275776 bytes 給區域變數。上限為 327680 bytes。
草稿碼太大；請見http://www.arduino.cc/en/Guide/Troubleshooting#size得知縮減大小的技巧

圖 16-7　WiFi、藍牙加入一起編譯，結果程式碼大小超過 105%

實驗電路

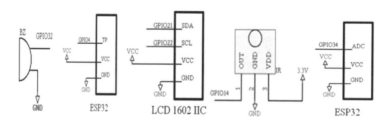

圖 16-8　實驗電路

使用到的電路有 LCD 顯示器、遙控接收模組、壓電喇叭、觸控腳位、adc 介面等功能。實驗電路中 adc 介面有修改，改為 GPIO34，才能啟動 adc 量測電壓功能，對於較大程式只有逐一測試功能，才能找出錯誤加以修正。

最後完成 ESP32 資源與功能整合。每一功能需要 4 大部分：

■ 載入程式庫。

■ 變數宣告。

■ 功能啟動。

■ LCD 顯示輸出。

應用本書探索的程式碼，就可以做出很多的應用，例如量測杜邦線接觸不良的問題，可以從接觸不良，阻抗變高開始思考。測試時一端接地，產生的壓降正常是 0 伏特，不正常遠超過 0 伏特，就可以偵測出接觸不良的問題。測試迴圈中，讀取 5 筆資料中，1 筆阻抗過高，接觸不良，跳出測試迴圈中，片段程式碼設計如下：

```
迴圈……………
量測電壓值為 v…
if(ftl==0) continue; //量電池電壓時，以下程式不要執行
 vi[i++]=v; //資料取樣
 if(i==5) //5 筆資料取樣
  {i=0; ok=1; //設定 ok 旗號
    for(j=0; j<5; j++)
     if( vi[j]>0.1 ){ ok=0; break;}//1 筆阻抗過高，接觸不良跳出
   }
 if(ok==1) { led_bl(); be();    } //OK 則發出嗶嗶聲音
 }//loop
```

程式 ESP-2L.INO

```
#include <rc95a.h> // 載入程式庫
#include <LiquidCrystal_I2C.h> // 引用 LCD 程式庫
LiquidCrystal_I2C lcd(0x27,16,2); //I2C 介面，使用 2 行 16 字模式
#include <WiFi.h>// 載入 WiFi. 程式庫
#include "time.h"// 載入 time 程式庫
const char* ssid= "XXXX";//WiFi 網路名稱
const char* pass= "XXXX";//WiFi 網路密碼
// 定義 RC37 遙控器按鍵值
#define D0 22
```

```
#define D1 12
#define D2 24
#define D3 94
#define D4 8
#define D5 28
#define D6 90
#define D7 66
#define D8 82
#define D9 74
int timezone=8*3600;// 設定時區，臺灣 +8-> 時區 *3600
int dst=0;
//---------------
int led=2; // 定義 LED 腳位
int tp=4; // 定義觸控腳位
int bu=32; // 定義壓電喇叭腳位
int cir=14;// 定義遙控器腳位
int ad=34;// 定義 adc 腳位
//-------------------------------------
int hour, min1 , sec; // 系統時間
int mm=10, ss=10;// 倒數時間
unsigned long ti=0;// 系統計時
int f=0;// 連線成功旗號
bool ftl=1;// 測試線材模式
int ra; char rax[6];// 亂數值
//---------------------------------
void setup() {//wifi 連線設定
int c=0;
  lcd.init();  lcd.backlight();
  pinMode(led,OUTPUT);  digitalWrite(led,0);
  pinMode(bu, OUTPUT);   pinMode(cir, INPUT);
  Serial.begin(115200);
  Serial.print("Wifi connecting to ");  Serial.println( ssid );
  WiFi.begin(ssid,pass); Serial.print("Connecting");
  while (WiFi.status() != WL_CONNECTED) {
    c++; if(c>10) { f=1; break; }
    delay(500);   Serial.print(".");    }
// wifi 連線成功 ......
if(f==0){
  Serial.println("Wifi Connected !");  Serial.print("IP Address : ");
  Serial.println(WiFi.localIP() );
  configTime(timezone, dst, "pool.ntp.org","time.nist.gov");
  Serial.println("\nget NTP time");
  while(!time(nullptr)){   Serial.print("...."); delay(1000);   }
```

```
  Serial.println("....OK");
  lcd.setCursor(9,0);  lcd.print("WiFi OK");
  led_bl(); be();  }
else { lcd.setCursor(10,0);  lcd.print("WiFi?");    }
}
//----------------------------------
void be()// 發出嗶聲
{
int i;
 for(i=0; i<100; i++)
  {
   digitalWrite(bu,1);  delay(1);
   digitalWrite(bu,0);  delay(1);
  }
 delay(50);
}
//---------------------
void led_bl()//LED 閃動
{
int i;
for(i=0; i<1; i++)
 {
  digitalWrite(led, HIGH); delay(150);
  digitalWrite(led, LOW); delay(150);
 }
}
//---------------------------------------------
void loop()// 主程式
{
 loop_ir();
}
//--------------------------
void show_time()// 顯示時間
{
int c;
  time_t now = time(nullptr);
  struct tm* t= localtime(&now);
  lcd.setCursor(0,0);
  lcd.print(t->tm_year-11); lcd.print("/");
  lcd.print(t->tm_mon+1);    lcd.print("/");
  lcd.print(t->tm_mday);     lcd.print(" ");
   lcd.setCursor(0,1);
  hour=t->tm_hour; min1=t->tm_min; sec=t->tm_sec;
```

```
 c=(hour/10);   lcd.setCursor(0,1);lcd.print(c);
 c=(hour%10);   lcd.setCursor(1,1);lcd.print(c);
    lcd.setCursor(2,1);lcd.print(":");
 c=(min1/10);    lcd.setCursor(3,1);lcd.print(c);
 c=(min1%10);    lcd.setCursor(4,1);lcd.print(c);
  lcd.setCursor(5,1);lcd.print(":");
 c=(sec/10);    lcd.setCursor(6,1);lcd.print(c);
 c=(sec%10);    lcd.setCursor(7,1);lcd.print(c);
}
//-----------------------------
void show_tdo() // 顯示倒數時間
{
int c;
 c=(mm/10);   lcd.setCursor(11,1);lcd.print(c);
 c=(mm%10);   lcd.setCursor(12,1);lcd.print(c);
    lcd.setCursor(13,1);lcd.print(":");
 c=(ss/10);   lcd.setCursor(14,1);lcd.print(c);
 c=(ss%10);   lcd.setCursor(15,1);lcd.print(c);
}
//-------------------------------------------------
void loop_ir() // 遙控器遙控迴圈
{
int c, i;
 while(1)  /* loop */
   {
loop:
// 觸控偵測
if(touchRead(tp)<=10)
   {
     delay(100);
     if(touchRead(tp)<=10){
     digitalWrite(led,1); delay(200);
     led_bl(); mm=35; ss=1; show_tdo(); be(); be(); }      }
if(millis()-ti>=1000)  //1 秒鐘計時時間到
   {   if(f==0) show_time();
       ti=millis();   show_tdo();
       if ( (ss==1) && (mm==0) )
        while(1)
          {be();
if(touchRead(tp)<=10)
 {
  digitalWrite(led,1); delay(200);
  led_bl(); mm=35; ss=1; show_tdo(); break;
```

```
}
        }
    ss--;   if(ss==0)   { mm--; ss=59; }
 }// 1 sec
// 掃描遙控器信號 . . . . . . . . . . . . .
   no_ir=1; ir_ins(cir); if(no_ir==1) goto loop;
// 發現遙控器信號 . . . . . . . . . . . . . .
   led_bl();  be(); rev();delay(200);
   lcd.setCursor(0,1);
   for(i=0; i<4; i++)
    {c=(int)com[i];
     Serial.print(c); Serial.print(' ');
     //lcd.print(c); lcd.print(" ");
    }
   Serial.println();
   c=(int)com[2];
// 遙控器按鍵處理
   if(c==D1){led_bl(); be(); mm=10; ss=1;}
   if(c==D2){led_bl(); be(); be();mm=20; ss=1;}
   if(c==D3){led_bl(); mm=30; ss=1; be(); be(); be();}
   if(c==D4){led_bl(); mm=40; ss=1; be(); be(); }
   if(c==D5){led_bl(); mm=50; ss=1; be(); be(); }
   if(c==D6){led_bl(); be(); test_ir();}
   if(c==D7){led_bl();  be();  loop_lot();  }
   if(c==D8){led_bl();  be(); ft1=0; loop_adc(); }
   if(c==D9){led_bl();  be(); ft1=1; loop_adc(); }
   }
}
// LOT 樂透數字產生器
void ran1()// 產生一組亂數
{
ra=random(42)+1;
}
//-----------------------------------
void show(char d) // 顯示一組亂數
{
char c;
if(d==0)
  { c=(rax[0]/10)+0x30; lcd.setCursor(8, 0); lcd.print(c);
    c=(rax[0]%10)+0x30; lcd.setCursor(9, 0); lcd.print(c);}
if(d==1)
  { c=(rax[1]/10)+0x30; lcd.setCursor(11, 0); lcd.print(c);
    c=(rax[1]%10)+0x30; lcd.setCursor(12, 0); lcd.print(c);}
```

```
if(d==2)
  { c=(rax[2]/10)+0x30; lcd.setCursor(14, 0); lcd.print(c);
    c=(rax[2]%10)+0x30; lcd.setCursor(15, 0); lcd.print(c);}
if(d==3)
  { c=(rax[3]/10)+0x30; lcd.setCursor(8, 1); lcd.print(c);
    c=(rax[3]%10)+0x30; lcd.setCursor(9, 1); lcd.print(c);}
if(d==4)
  { c=(rax[4]/10)+0x30; lcd.setCursor(11, 1); lcd.print(c);
    c=(rax[4]%10)+0x30; lcd.setCursor(12, 1); lcd.print(c);}
if(d==5)
  { c=(rax[5]/10)+0x30; lcd.setCursor(14, 1); lcd.print(c);
    c=(rax[5]%10)+0x30; lcd.setCursor(15, 1); lcd.print(c);}
 }
//-------------------------------------
void lot2() // 產生第 2 組亂數
{   while(1)  { ran1(); if( ra!=rax[0] ) break; }
 rax[1]=ra;   }
void lot3() // 產生第 3 組亂數
{   while(1)  { ran1(); if( ra!=rax[0] && ra!=rax[1] ) break; }
 rax[2]=ra;   }
void lot4() // 產生第 4 組亂數
{   while(1)
  { ran1(); if( ra!=rax[0] && ra!=rax[1] && ra!=rax[2]) break; }
 rax[3]=ra;     }
void lot5() // 產生第 5 組亂數
{   while(1)
  { ran1(); if( ra!=rax[0] && ra!=rax[1] && ra!=rax[2] && ra!=rax[3])
break; }
 rax[4]=ra;     }
void lot6() // 產生第 6 組亂數
{
 while(1) { ran1(); if( ra!=rax[0] && ra!=rax[1] && ra!=rax[2] && ra!=rax[3]
    && ra!=rax[4] ) break; }
 rax[5]=ra;   }
//----------------------------------------------------------
void init_lcd()//LCD 初始化
{
 lcd.setCursor(0, 0);
 lcd.print("LOT    xx xx xx");
 lcd.setCursor(0, 1);
 lcd.print("       xx xx xx");
}
//----------------------------------
```

```
void loop_lot()// 樂透迴圈
{
randomSeed(analogRead(0));
 led_bl(); be(); init_lcd();
 while(1)
   {
    if(touchRead(tp)<=10)
     { be();
     ran1(); rax[0]=ra;  show(0); led_bl(); be();
     lot2(); show(1); led_bl(); be();
     lot3(); show(2); led_bl(); be();
     lot4(); show(3); led_bl(); be();
     lot5(); show(4); led_bl(); be();
     lot6(); show(5); led_bl(); be(); be();
     } }
}
void test_ir()// 紅外線遙控器解碼
{
int c, i;
 lcd.setCursor(0,0);
 lcd.print("LCD IR TEST.....");
 lcd.setCursor(0,1);
 lcd.print("0 back..........");
 while(1)  // 無窮迴圈
   {
loop:
// 迴圈掃描是否有遙控器按鍵信號？
   no_ir=1; ir_ins(cir); if(no_ir==1) goto loop;
// 發現遙控器信號 ., 進行轉換
    led_bl();  be(); rev();delay(200);
    lcd.setCursor(0,1);
    for(i=0; i<4; i++)
     {c=(int)com[i];
// 串列介面顯示解碼結果
      Serial.print(c); Serial.print(' ');
      lcd.print(c); lcd.print(" ");
      }
    Serial.println();
    c=(int)com[2];
// 執行解碼功能，按鍵 123
    if(c==1){led_bl(); be();}
    if(c==2){led_bl(); led_bl(); be(); be();}
    if(c==3){led_bl(); led_bl(); led_bl(); be(); be(); be();}
```

```
      delay(100);
      if(c==D0){be(); lcd.setCursor(0,1);  lcd.print("    ");
       return;}
    }
}
//adc 測試迴圈
void loop_adc()
{
int d, i=0, j; float v, vi[20];
char m[25];
bool ok=0;
 if(ftl==1){ lcd.setCursor(0,1);  lcd.print('L');  }
    else    { lcd.setCursor(0,1);  lcd.print('B');  }
while(1){
 d=analogRead(ad);
 Serial.print("ADC read= ");
 Serial.println(d);
 v=(d*3.3)/4095;
 Serial.print("ADC read= ");
 Serial.print(v); Serial.print("v");
 //Serial.printf(" ADC read=%f\n",v);
 sprintf(m,"ADC read=%1.1f v ",v);
 if( ftl==0 && v<1.2 ) be();
 Serial.println(m);
 lcd.setCursor(1,1);  lcd.print(m);
 delay(250);  led_bl();
 if(ftl==0) continue;
// 測試杜邦線
 vi[i++]=v;
 if(i==5)
  {i=0; ok=1;
//5 筆資料中，1 筆阻抗過高，接觸不良，跳出
    for(j=0; j<5; j++)
     if( vi[j]>0.1 ){ ok=0; break;}
   }
 if(ok==1) { led_bl(); be();  } //OK 則發出嗶聲良品
 }//loop
}
```

16-16

17

ESP32 專題製作

UNO 及 ESP32 使用是相同 Arduino 開發平台，成為容易學習的軟體、硬體整合開發工具，可以幫我們以簡單的硬體，實現我們的點子，創意無限。當創客、應徵工程師工作都需要此加分技術，學生在畢業前整合完成自己的專題，畢業後當作應徵工作的代表作，很有意義，本章將以實例做説明。

17-1 ESP32 基礎教具設計

以前實驗室就用 8051 C 程式開始開發教具，先建立常用的 I/O 元件開始。對應的開發平台，完成 8051 系列教材，後來轉到 Arduino 平台，到現在 ESP32 平台，通通都一樣，因為這些是有效率的學習、測試程式設計的實驗過程及工具，初學者，不必一章一章看，做專題者可以直接看本章節，不管是自學、入門、未來當老師、工程師都適用。常用基礎 I/O 元件有以下幾種：

■　按鍵：程式流程控制。

■　LED：動作指示。

■　壓電喇叭：聲響提示。

■　LCD：顯示較多文字訊息。

■　串列介面：程式測試、除錯。

■　遙控器介面：做功能切換。

在 ESP32 模組上面 LED 及串列介面，使用這些基礎元件及工具，就可以開始開發程式碼了。模組上按鍵是 RESET 用，要做按鍵偵測需要由外部連接，既然有觸控功能，就可以取代按鍵控制。這是連接電腦時的測試開發環境，測試正常離開電腦後，可以使用遙控器做切換功能。

連接電腦時，由於有串列介面送出控制指令，就可以改變程式執行的流程，執行結果可以輸出到電腦端顯示出來，能夠掌控內部的變數執行結果，就可以做基本的程式除錯。

利用串列介面除了方便除錯，前面已經談了很多，最主要他可以讓我們很順利的完成我們的測試工作，就是驗證一些功能，然後能夠做後續測試、功能專案應用、實驗的管理、教學展示都非常方便，也適合做自己資料庫的管理，更是一套很好的教具。

專題功能

由串列介面送出控制指令，執行測試功能如下：

- 指令 1：LED 閃動、發出嗶聲。
- 指令 2：讀取 ADC 資料。
- 指令 3：送出 DAC 控制電壓。
- 指令 4：唱出一段旋律。

遙控器按鍵功能如下：

- 按鍵 1：LED 閃動、發出嗶聲。
- 按鍵 2：讀取 ADC 資料。
- 按鍵 3：送出 DAC 控制電壓。
- 按鍵 4：唱出一段旋律。

觸控功能測試，則是觸控後 LED 閃動。按鍵功能 3 送出 DAC 控制電壓，同時啟動 ADC 自動量測電壓功能，可以做自動測試應用，請參考圖 17-1。

圖 17-1　執行中的電壓自動量測

實驗電路

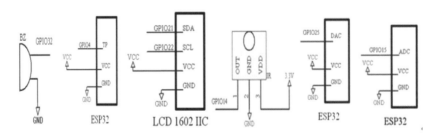

圖 17-2　基礎教具實驗電路

實驗電路，使用如下零件：

■　LCD：顯示資料。

■　LED：動作指示燈，在 ESP32 模組上面。

■ 紅外線接收模組：接收遙控器信號。

■ 壓電喇叭：音樂、音效聲音輸出。

■ 觸控腳位：測試觸控功能。

■ ADC 腳位：量測輸入電壓值。

■ DAC 腳位：DAC 控制電壓輸出。

執行 DAC 控制電壓輸出實驗時，可將 DAC 腳位與 ADC 腳位相連接，當送出 DAC 控制電壓，同時啟動 ADC 自動量測顯示電壓功能，可以做自動測試應用。

程式設計

本專題結合串列介面、ESP32 模組內部資源及遙控功能，成為一台可攜式 ESP32 基礎功能展示教具。程式設計分為以下幾部分：

■ 載入遙控器控制程式。

■ 音調對應頻率值設定。

■ 遙控器解碼功能。

■ LCD 顯示。

■ 觸控測試功能。

■ ADC 腳位量測輸入電壓值。

■ DAC 腳位控制電壓輸出。

初學者可以利用此程式開始探索、體驗、測試 ESP32 模組強大功能，繼續 建立、管理自己的專案應用。連線時可以用串列介面送出控制指令，執行測試功 能，離線時也可以遙控器執行相對功能，方便測試。

程式 ET.ino

```
#include <ESP32Servo.h>// 載入音階音樂功能
// 音階對應頻率值
int f0[]={0, 523,  587,  659,  698, 784,   880, 987,
 1046, 1174, 1318, 1396, 1567, 1760, 1975};
#include <rc95a.h> // 引用解碼程式庫
#include <LiquidCrystal_I2C.h> // 引用 LCD 程式庫
LiquidCrystal_I2C lcd(0x27,16,2); // 設定 LCD 格式
//RC37 遙控器按鍵定義
#define D0 22
#define D1 12
#define D2 24
#define D3 94
#define D4 8
#define D5 28
#define D6 90
#define D7 66
#define D8 82
#define D9 74
//--------------
int led=2; //LED 腳位
int tp=4; // 觸控腳位
int bu=32; // 觸控腳位
int cir=14; // 設定解碼控制腳位
int ad=15; // 設定 adc 控制腳位
int dc=25; // 設定 dac 控制腳位
void setup() {// 初始化設定
int c=0;
  lcd.init();  lcd.backlight();
  lcd.setCursor(0,0);  lcd.print("ET1 +RC test ");
  lcd.setCursor(0,1);  lcd.print("ur+ir 1234    ");

  pinMode(led,OUTPUT);  digitalWrite(led,0);
  pinMode(bu, OUTPUT);   pinMode(cir, INPUT);
  Serial.begin(115200);
  Serial.println("ET1 uart test : 12345 ...");
  be();  led_bl(); test_tone();
}
//-----------------------------------
void be()// 發出嗶聲
{
```

```
int i;
 for(i=0; i<100; i++)
  {
   digitalWrite(bu,1);  delay(1);
   digitalWrite(bu,0);  delay(1);
  }
 delay(50);
}
//----------------------
void led_bl() //LED 閃動
{
int i;
for(i=0; i<1; i++)
 {
  digitalWrite(led, HIGH); delay(150);
  digitalWrite(led, LOW); delay(150);
 }
}
//----------------------
void test_tone()// 測試音階
{
  tone(bu, f0[1],300);//C(Do)
  tone(bu, f0[2],300);//D(Re)
  tone(bu, f0[3],300);//E(Me)
}
//---------------------------------------------
void loop()// 主程式
{
int c, i;
 while(1)// 無窮迴圈
  {
loop:
 if (Serial.available() > 0) // 若有收到資料
   {
    c= Serial.read(); // 讀取資料
    if(c=='1') {Serial.print("1 ");led_bl(); be();}
    if(c=='2') {Serial.print("2 ");led_bl(); loop_adc(); }
    if(c=='3') {Serial.print("3 "); led_bl(); loop_dac();}
    if(c=='4') {Serial.print("4 "); led_bl(); test_tone(); }
   }
// 觸控掃描
if(touchRead(tp)<=10)
```

```
    {
       delay(100);
       if(touchRead(tp)<=10){ digitalWrite(led,1);
        delay(200); led_bl(); be(); be();}
     }
// 掃描遙控器信號
     no_ir=1; ir_ins(cir); if(no_ir==1) goto loop;
// 發現遙控器信號
     led_bl();  be(); rev();delay(200);
     lcd.setCursor(0,1);
     for(i=0; i<4; i++)
      {c=(int)com[i];
       Serial.print(c); Serial.print(' ');
       lcd.print(c); lcd.print(" ");
      }
     Serial.println();
     c=(int)com[2];
// 按鍵處理
     if(c==D1){led_bl(); be(); }
     if(c==D2){led_bl(); be(); loop_adc();}
     if(c==D3){led_bl(); be(); loop_dac(); }
     if(c==D4){led_bl(); be(); test_tone();   }
   }
}
//-----------------------------------------
void loop_adc() //ADC 程式控制
{
int i,d; float v;
char m[50];
lcd.setCursor(0,1);  lcd.print("adc");
for(i=0; i<8; i++) {
 lcd.setCursor(3+i,1);
 lcd.print(".");
 d=analogRead(ad);
 Serial.print("ADC read= ");
 Serial.println(d);
 v=(d*3.3)/4095;
 Serial.print("ADC read= ");
 Serial.print(v); Serial.print("v");
 //Serial.printf(" ADC read=%f\n",v);
 sprintf(m,"ADC=%1.1fv",v);
 if(v<1.2) be();
```

```
 Serial.println(m);
 lcd.setCursor(8,0);   lcd.print(m);
 delay(1000);
 } be(); be();
 clr_line(2);
}
//------------------------
void clr_line(int d)  // 清除 LCD 該行文字
{
int i;
 if(d==1) {lcd.setCursor(0,0);
  for(i=0; i<16; i++)  lcd.print(" ");
 lcd.setCursor(0,0);   }
 else {  lcd.setCursor(0,1);
  for(i=0; i<16; i++)  lcd.print(" ");
   lcd.setCursor(0,1);   }
}
//------------
void loop_dac()  // 主程式迴圈
{
 clr_line(1);
 dacWrite (dc,255);   // 送出最高準位
 lcd.setCursor(0,0);lcd.print("dac=255");
 delay(1000);        // 延遲 1 秒
 loop_adc();         // 開始量測

 clr_line(1);
 dacWrite (dc,128);   // 送出中間準位
 lcd.setCursor(0,0);lcd.print("dac=128");
 delay(1000);        // 延遲 1 秒
 loop_adc();         // 開始量測

 clr_line(1);
 dacWrite (dc,0);     // 送出最低準位
 lcd.setCursor(0,0);lcd.print("dac=0");
 delay(1000);        // 延遲 1 秒
 loop_adc();         // 開始量測
}
```

17-2 ESP32 藍牙遙控車

智慧手機或平板改變人們生活習慣,現在已成為居家生活重要的娛樂工具及行動裝置應用平台,各式創意功能不斷的出現在生活中。若能以手機遙控車子,更能增加 ESP32 的學習樂趣及應用領域,本節將應用 ESP32 內建的藍牙功能實現此一應用。藍牙連線應用的優點是隨插即用,自動掃描裝置,測試環境不需要網路。

專題功能

手機遙控 ESP32 小車基本功能如下:

■ ESP32 內建的藍牙與 Android 手機內建藍牙系統連線。

■ 按下 RESET 鍵,LED 閃動,開機正常發出音效。

■ 接觸觸控點,車體執行測試功能。

■ 手機需與控制板先建立連線,然後才可遙控操作。

■ 可以多支手機控制多台小車,同時一起遙控。

手機遙控器操作如下:

■ 方向控制:4 方向鍵控制,停止鍵發出音效。

■ EF1 鍵:發出音效 1。

■ EF2 鍵:發出音效 2。

■ EF3 鍵:發出音效 3。

■ SONG 鍵:演奏歌曲。

圖 17-3 是手機遙控小車實作執行畫面照相,手機的安裝程式 APK 檔,需要先安裝在手機上,才能執行。手機本身就有聲控功能,因此就用手機功能來做聲

控車控制,使用 AI2 系統內建的中文聲控功能,來做不特定語者聲控實驗,當辨認出結果後,發送信號到遙控車,實現低成本的聲控車控制實驗。圖 17-4 為手機聲控車拍照,圖 17-5 啟動聲控後的畫面。

圖 17-3　手機執行畫面　　　圖 17-4　手機聲控車拍照　　　圖 17-5　啟動聲控

電路設計

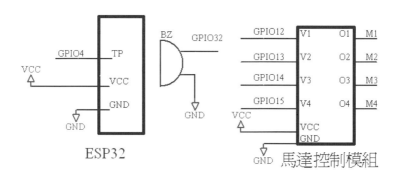

圖 17-6　手機遙控小車控制電路

手機遙控小車控制電路分為以下幾部份:

■　ESP32 控制板。

■　接觸觸控點:使用 GPIO4。

■ 壓電喇叭：使用 GPIO32。

■ 馬達控制介面：GPIO 12、13、14、15：送出馬達動作控制信號。

當電源加入時，壓電喇叭會發出嗶聲並驅動車體前進，做簡單測試功能。由於手機及 ESP32 內建藍牙功能，便可以建立實驗基本硬體電路，再結合介面程式及手機端 App 程式，可由 Android 手機來做控制，原先可以控制的許多裝置，都可以嘗試以手機做遙控實驗。

程式設計

ESP32 與手機建立連線是使用藍牙介面，只要 ESP32 模組與手機行動裝置配對成功後，通訊方式與一般的串列介面傳送方式相容。本專題是以手機當作遙控器控制車子動作，當 ESP32 與手機建立連線後，由藍牙介面接收信號進來，由程式來判斷做相關控制。為求簡化程式設計複雜性，藍牙發送指令以單一字元來表示，如 "0" 字元控制碼，要求執行發出單音測試音階功能。因此在程式主控迴圈中，所執行工作如下：

■ 掃描觸控功能，若有觸控則執行車子測試功能。

■ 掃描藍牙介面是否出現有效指令，若有則進行比對處理：

- f 碼：車體前進。

- b 碼：車體後退。

- l 碼：車體左轉。

- r 碼：車體右轉。

- 0 碼：發出單音測試音階。

- q 碼：發出音效 1。

- a 碼：發出音效 2。

- s 碼：演奏歌曲。

　　程式執行後首先發出嗶聲，表示藍牙已經發出信號，手機端可以進行連線，做測試。若實驗時中斷連線，可以使用此技巧，按 RESET，聽到嗶聲，開始連線，較容易建立連線。

🖥️ 程式 ble_car.ino

```
#include <BluetoothSerial.h>// 載入藍牙功能
BluetoothSerial BT;// 宣告藍牙物件
#include <ESP32Servo.h>// 載入音階音樂功能
int led=2; //LED 腳位
int tp=4; // 觸控腳位
nt bu=32; // 喇叭腳位
int out1=12, out2=13; // 馬達控制腳位
int out3=14, out4=15;
#define de   150   // 延遲參數 1
#define de2  300   // 延遲參數 2
void setup() // 初始化設定
{
  pinMode(out1, OUTPUT);    pinMode(out2, OUTPUT);
  pinMode(out3, OUTPUT);    pinMode(out4, OUTPUT);
  digitalWrite(out1, 0);    digitalWrite(out2, 0);
  digitalWrite(out3, 0);    digitalWrite(out4, 0);
  Serial.begin(115200); BT.begin("BLE car");
  pinMode(led, OUTPUT); pinMode(bu, OUTPUT);
  led_bl(); be(); test();
}
//------------------
void led_bl()//LED 閃動
{
 digitalWrite(led,1);  delay(200);
 digitalWrite(led,0);  delay(200);
}
//----------------------------
void be()// 發出嗶聲
{
int i;
 for(i=0; i<100; i++)
  {
   digitalWrite(bu,1);  delay(1);
   digitalWrite(bu,0);  delay(1);
```

```
  }
 delay(50);
}
//---------------------------
void stop()// 停止
{
  digitalWrite(out1,0);
  digitalWrite(out2,0);
  digitalWrite(out3,0);
  digitalWrite(out4,0);
}
//----------------------
void  back()// 後退
{
 digitalWrite(out1,1);
 digitalWrite(out2,0);
 digitalWrite(out3,0);
 digitalWrite(out4,1);
 delay(de);
 stop();
}
/*----------------------*/
void go()// 前進
{
 digitalWrite(out1,0);
 digitalWrite(out2,1);
 digitalWrite(out3,1);
 digitalWrite(out4,0);
 delay(de);
 stop();
}
/*----------------------*/
void  right() // 右轉
{
  digitalWrite(out1,0);
  digitalWrite(out2,1);
  digitalWrite(out3,0);
  digitalWrite(out4,1);
  delay(de2);
  stop();
}
/*------------------------*/
void left()// 左轉
```

```
{
  digitalWrite(out1,1);
  digitalWrite(out2,0);
  digitalWrite(out3,1);
  digitalWrite(out4,0);
  delay(de2);
  stop();
}
//-----------------------------------------
void demo()// 展示
{
 go();    delay(500); led_bl();
 back();  delay(500); led_bl();
 left();  delay(500); led_bl();
 right(); delay(500);
}
//-------------------------
void ef1()// 救護車音效
{
int i;
 for(i=0; i<3; i++)
   {
    tone(bu, 500);  delay(300);
    tone(bu, 1000);  delay(300);
   }
  noTone(bu);
}
//---------------
void ef2()// 音階音效
{
int i;
 for(i=0; i<10; i++)
   {
    tone(bu, 500+50*i);  delay(100);
   }
  noTone(bu);
}
//-------------------
// 音調對應頻率值
int f[]={0, 523,  587,  659,  698, 784,  880, 987,
        1046, 1174, 1318, 1396, 1567, 1760, 1975};
void so(char n) // 發出特定音階單音
{
```

```
 tone(bu, f[n],300); //500
 delay(100);
 noTone(bu);
}
//--------------------------------------
void test()// 測試音階
{
char i;
 so(1); led_bl();
 so(2); led_bl();
 so(3); led_bl();
}
//--------------------------------------
void song()// 演奏一段旋律
{
char i;
 so(3); led_bl();
 so(5); led_bl();
 so(5); led_bl();
 so(3); led_bl();
 so(2); led_bl();
 so(1); led_bl();
}
//-----------------------------------------
void loop() // 主程式
{
int d=touchRead(tp);
 if(d<=10)  { led_bl();    be(); demo();}
 if (BT.available()>0)
   {
char c=BT.read();
  if(c=='f' ||c=='1' ) { be(); led_bl(); go();    delay(200); }
  if(c=='b' ||c=='2') { be(); led_bl(); back(); delay(200); }
  if(c=='l' ||c=='3') { be(); led_bl(); left(); delay(200); }
  if(c=='r' ||c=='4') { be(); led_bl(); right();delay(200); }
  if(c=='0')  test(); // 單音測試音階
  if(c=='q')  ef1();// 救護車音效
  if(c=='a')  ef2();// 音階音效
  if(c=='s')  song();// 演奏一段旋律
  }
}
```

安裝 Android 手機遙控程式

要在 Android 手機執行 APK 程式與 ESP32 藍牙連線控制，需要一些設定步驟：

1. 藍牙配對。

2. 拷貝 apk 檔到手機。

3. 安裝 apk 檔到手機。

4. 系統藍牙連線及斷線。

分別說明如下：

1. 藍牙配對

使用前 ESP32 需要先通入電源，等待與行動裝置進行配對，配對後的藍牙編號會出現在系統藍牙名單中，方便下回存取。如何配對，操作如下：

(1) 在行動裝置 [設定] 開啟藍牙功能。

(2) 執行搜尋裝置，行動裝置會向附近的相關藍牙裝置發出信號，找尋可用裝置。

(3) 若有搜尋到可用裝置，則進行密碼配對，ESP32 無須密碼配對程序。

(4) 在應用程式中若建立連線，可以顯示藍牙連線。

2. 拷貝 apk 檔到手機

將手機或平板與電腦連線，在電腦端正常時可以找到該裝置，在手機 SD 卡資料夾建一目錄，拷貝 apk 到該位置。

3. 安裝 apk 檔到手機

手機或平板上執行 [設定 / 安全性]，勾選 [未知的來源]，才能在系統上安裝非經由 Google Play 經過認證後下載的程式。此外為了在系統端找到安裝檔，初學者在手機或平板系統端，可能需要安裝 ES 檔案瀏覽器應用程式，方便在目錄間找到安裝檔，找到安裝檔後便可以執行安裝。另一方法是將 apk 檔經由 Google 雲端硬碟來安裝，當手機下載檔案後，系統會自動詢問是否安裝，便可以直接安裝來測試。也可以掃描一下 QR Code（圖 17-7），直接安裝。

圖 17-7　Android 手機遙控車應用程式 QR Code

4. 系統連線及斷線

[BT ON] [BT OFF] 系統藍牙連線及斷線，狀態會顯示於上方。執行後，先連線，出現系統藍牙名單，點選藍牙名稱為 BLE car，此為程式設計時給定用來識別，方便每次存取。執行後，先連線，長久不用時則斷線，或是以其他裝置連線本機需要先斷線，因為藍牙是一對一連線配置，任何時候，手機只能控制一台裝置。若無法連線成功，或是斷線，可先 RESET ESP32，再執行 [BT ON] 連線，建立連線後，便可以執行手機相關控制功能。

用 AI2 設計 Android 手機遙控程式

有關手機程式設計是以 App Inventor 2 雲端開發工具完成設計（http://appinventor.mit.edu/）。如圖 17-8 所示，引導初學者可以快速認識軟體，進一步使用它來設計自己的手機應用程式，有興趣研究者，可以繼續參考下一節程式設計。

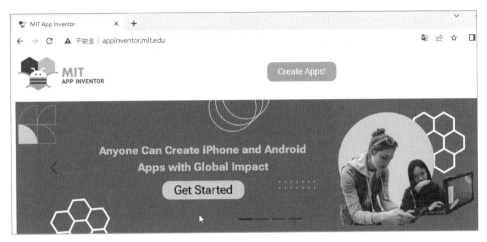

圖 17-8　以 App Inventor II 開發手機程式

17-3　以 App Inventor 設計藍牙遙控車

由於 ESP32 內建藍牙功能，因此可以與手機端做通訊，為方便程式設計實驗及體驗，快速驗證功能，手機端的程式設計是以 App Inventor II（簡稱 AI2）來做整合。上一節 ESP32 藍牙遙控車的手機控制程式就是以 AI2 來做設計，本節説明其設計、探索思路及設計步驟及原理。

第一次使用 AI2 雲端開發工具，操作步驟如下：

STEP ① 網路瀏覽器請用 Chrome。

STEP ② 請先申請一 Google 帳號，登入需要，如 xxxx@gmail.com。

STEP ③ 執行連結 http://ai2.appinventor.mit.edu。

STEP ④ 執行 [專案][匯入專案 .aia]，展示程式檔名為 BCA5a.aia，畫面出現。

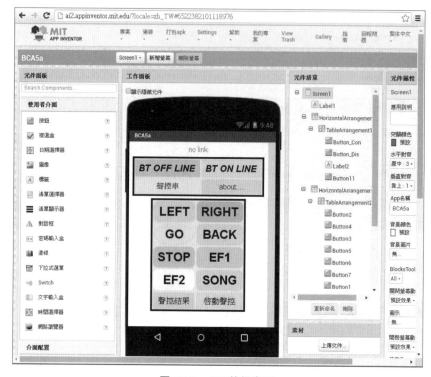

圖 17-9　AI2 執行畫面

產生 APK 安裝檔直接下載到電腦

執行 [打包 apk][打包 apk 並下載到電腦]，請參考圖 17-10，所下載到電腦安裝檔 APK 儲存位置如下：C:\Documents and Settings\Administrator\My Documents\Downloads，圖 17-11 為執行進度，最後所下載的 APK 檔案出現在視窗的左下角（圖 17-12）。

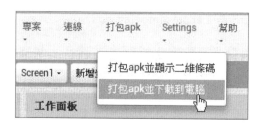

圖 17-10　準備產生執行檔 apk

圖 17-11　準備產生執行檔過程

圖 17-12　下載的 APK 檔案

產生 APK 安裝檔由二維條碼連結

　　執行 [打包 apk][打包 apk 顯示二維條碼]，執行結果出現 APK 二維條碼（圖 17-13、17-14），條碼有效時間 2 小時，必須掃描後直接由手機安裝，超過時間無效。

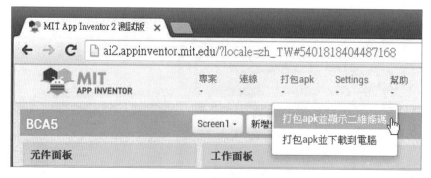

圖 17-13　準備產生二維條碼

圖 17-14　產生的二維條碼

用手機二維條碼做掃描

可用 LINE 的 [加入好友][行動條碼] 二維條碼做掃描（圖 17-15），執行後
出現讀取結果（圖 17-16），執行開啟，便可以在手機安裝 APK 檔案作測試。

圖 17-15　用行動條碼去掃描

圖 17-16　手機二維條碼做掃描讀取結果

修改程式並儲存

　　若有修改程式，要儲存檔案，可以執行 [專案] [導出專案]（圖 17-17），所下載的 .aia 檔案，出現在視窗的左下角（圖 17-18）。

圖 17-17　準備下載 .aia 檔案

圖 17-18　下載的 .aia 檔案

　　經過以上操作，可以在有效時間內，讓體驗課程可以順利執行，使學員的手機上可以順利安裝好測試程式，體驗聲控車的操作樂趣。在反覆操作比較後還是經由二維條碼，掃描後直接由手機安裝，最為方便快速。

程式設計

　　一套聲控車程式碼的積木設計，大概分為幾部分：

■　藍牙模組連線。

■　手機按鍵控制車子遙控功能。

■　啟動手機聲控功能。

■　聲控後執行聲控車動作。

■　聲控後說出結果。

■　其他功能設定。

　　積木程式設計中，最重要的是藍牙的設定，因為一支手機可能連接很多藍牙的裝置，一旦藍牙的裝置有開啟，手機都會去掃描。掃描後只要有設定他的名單，都會出現在手機名單中，但連線的時候，只有一個裝置會連上，為了方便連線，所有設定過的，都會出現在手機名單中，方便下回選取，可以做快速連線，快速手動連線。

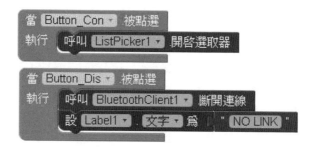

圖 17-19　手機藍牙連線功能設計

　　藍牙模組連線設計請參考圖 17-19，當按下連線時，手機會出現藍牙模組配對名單選取功能。當按下離線時，則將藍牙模組連線斷線，並顯示 "NO LINK"。已經配對成功的藍芽模組編號，會出現在系統藍牙模組配對名單中，出現配對名單選取功能後，若設定藍牙模組編號，實驗用藍牙模組編號為 HC06，或是 ESP32 皆可以，並且連線成功後，則顯示 "LINK OK"，否則顯示 "LINK FAIL"，請參考圖 17-20。

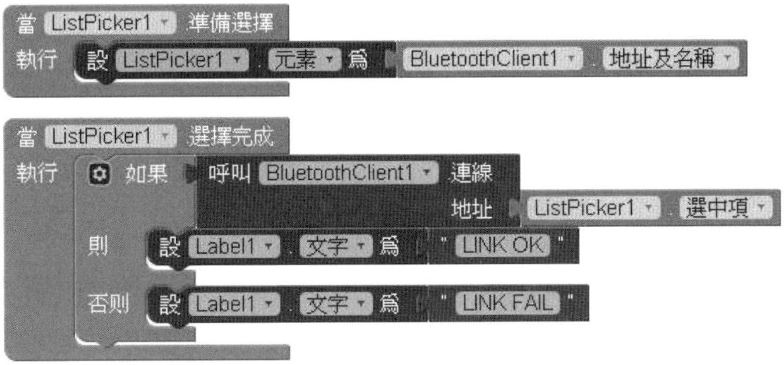

圖 17-20　藍牙模組配對名單功能設計

　　當藍牙模組連線成功後，便可以按下手機按鍵，執行車子遙控功能，如圖 17-21、17-22 所示，按鍵功能如下：

- 前進：送出控制碼 f。

- 後退：送出控制碼 b。

- 左轉：送出控制碼 l。

- 右轉：送出控制碼 r。

- 停止：送出控制碼 0。

- 音效 1：送出控制碼 q。

- 音效 2：送出控制碼 a。

- 唱歌：送出控制碼 s。

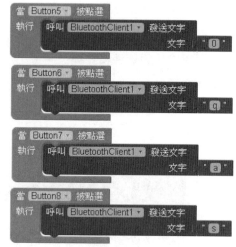

圖 17-21　4 方向控制設計　　　　　圖 17-22　其他功能指令設計

　　手機由於是隨身攜帶通訊設備，也是娛樂裝置，現在已成為一個標準的遙控器，有人用來遙控家電，用來做行動支付，在聲控車當中我們就把他當作遙控器，因為它有聲控功能，我們就把它當作聲控的一個裝置，當輸出聲控命令，就會遙控車子動作，完成聲控車的設計功能。

　　有關聲控的功能，使用內定的設定就可以直接做中文聲控，看似複雜的聲控功能，在設計中變得很簡單，只要呼叫內部的語音識別器，就可以執行聲控。啟動手機聲控功能設計，請參考圖 17-23，聲控後執行聲控車動作，請參考圖 17-24。

圖 17-23　啟動手機聲控功能設計

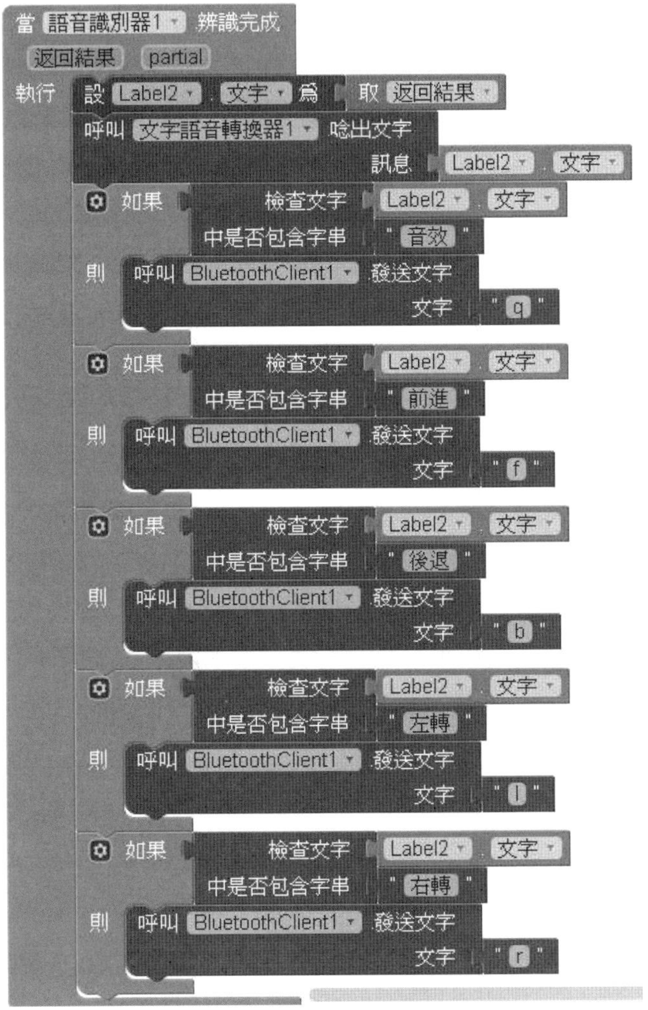

圖 17-24　聲控後執行聲控車動作

　　一旦語音識別器辨識完成後會送回結果，便是我們所要的中文聲控命令，送回的結果當中，進一步判斷是不是我們要的聲控命令，不同的聲控命令可以達到不同的聲控執行效果，常見的就是 4 個方向的控制。當辨認完成後，會說出辨認結果。聲控指令設計如下：

■　音效：送出控制碼 q，車子發出音效。

■ 前進：送出控制碼 f，車子前進。

■ 後退：送出控制碼 b，車子後退。

■ 左轉：送出控制碼 l，車子左轉。

■ 右轉：送出控制碼 r，車子右轉。

聲控後說出結果，請參考圖 17-25，按下聲控結果，會說出語音，如果為指令——音效，則會經由藍牙模組送出控制碼，使聲控車發出音效。其他功能 [關於鍵] 設計，請參考圖 17-26，按下 [關於鍵]，顯示 "AI2 Design Vc car" 做提示說明。

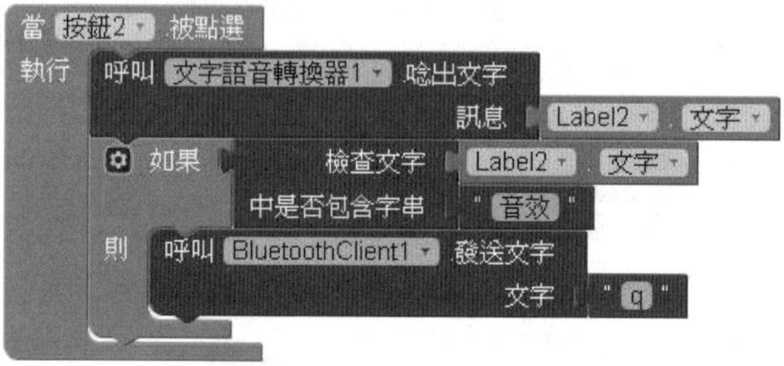

圖 17-25　聲控後說出結果

圖 17-26　關於鍵設計

只要我們先將要設計的功能想出來，然後應用積木的介面，按下某一按鍵後，執行發送某一命令出去，控制車子動作，這個就是積木設計的基本概念，相較於 C 程式設計，需要設計所有動作的細節，剛開始還不太能適應，但是如果操作熟練後，的確是很方便，怪不得中小學生都用它來寫一些好玩的應用程式，所以程式設計有不同的工具，端看你使用的應用目的而定。

實驗出現的問題修正

做 ESP32 實驗時，以舊的 APK 測試就 OK，新的 aia 程式積木上傳要修改新功能，編譯轉為執行安裝檔，在連線的時候，出現全黑。正常應該出現已經設定過的藍牙模組名稱，這就是關鍵。目前 ai2 系統不允許使用者存取已設定藍牙模組名單，可以參考附錄說明。藍牙模組與手機連線修正程式，ESP32 實驗也適用。使用上一節舊版本 BCA5A. APK 測試則正常，可以利用它來修正新功能的積木設計。

17-4　溫室控制

有關溫室溫度控制，可以有一種簡單方式，以程式控制傳統遙控器動作，啟動冷氣動作來降溫，達到自動化控制的設計及應用。很久以前看過一個個案，一位業主攜帶溫室控制原型機過來，居然是拆開遙控器，設計類比開關電路，由單晶片寫程式去控制類比開關，短路則發射遙控器信號。看過那個案子以後，我們決定開發更方便的驗證工具，馬上學習、驗證的學習型遙控器功能。直接測試正常後，搭載單晶片 C 程式設計，成為可程式化遙控器。可以應用於各種情境或是教學，成為智慧型控制器，持續修正線上學習的遙控器功能，於是就是今天看到的可程式化遙控器，學習驗證過很多台灣生產的廠牌家電遙控器。

溫室控制以程式控制遙控器動作，直接啟動冷氣來降溫最快，要省電可以搭配電風扇啟動，結合感知器，取得現場參數來做實驗，同樣以 ESP32 控制學習型遙控器直接啟動冷氣，或是電源裝置來做降溫實驗。

溫室控制有很多應用情境，常用溫室控制的設備，先測試出冷氣控制功能，溫度過高，啟動繼電器驅動傳統電風扇，結合冷氣及搭配風扇，可以達到省電的效果，再來修正應用程式，達到更好的恆溫控制方式。

專題功能

實驗程式希望自動控制開啟冷氣機、電扇,發射對應控制信號,啟動裝置運作來降溫,也可依需要增加繼電器迴路組成,控制傳統電扇動作。設計目的希望達到少配線為原則,都是以紅外線信號發射為主,驅動冷氣機、遙控啟動風扇。採用循環控制,專題功能如下:

■ 預設溫度高於 25 度,開啟冷氣。

■ 開啟冷氣後倒數 2 分鐘後,檢查溫度變化。

■ 自動化啟動遙控冷氣、遙控啟動風扇。

■ 搭配學習型遙控模組,先將遙控器信號做學習,並且發射信號做測試。

■ 由程式控制學習型遙控模組,遙控冷氣、風扇運作。

系統功能可以依需要做調整或是修正,例如也可以結合設計計時器,定時開啟冷氣、電源裝置。圖 17-27 為溫室控制實作,顯示目前室溫 33 度,濕度 95%,預計降溫到 25 度,系統降溫已啟動,倒數計時中。

圖 17-27　溫室控制實作

實驗電路

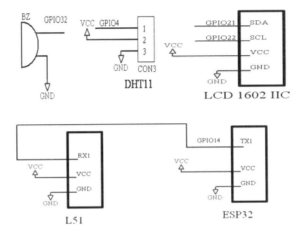

圖 17-28　實驗電路

實驗電路使用如下零件：

■　LED：動作指示燈。

■　LCD 模組：顯示資料。

■　壓電喇叭：音效聲音輸出。

■　學習型遙控模組：整合遙控器功能。

■　感知器：溫度感知器 DHT11。

　　繼電器用來控制電風扇迴路動作備用，若實驗室有遙控風扇，則可以用學習型遙控模組來做整合，省下以控制迴路配線的麻煩。

程式設計

　　本專題結合溫度感知器、遙控功能、學習型遙控模組，成為一台可攜式溫室控制器，程式設計分為以下幾部分：

■　LCD 顯示溫度。

- 發射信號開啟裝置。

- 時間倒數控制。

- 壓電喇叭驅動。

- 控制流程設計。

循環迴圈控制程序如下：

- 檢查溫度大於 25 度，發射信號開啟裝置，顯示 ON（顯示開機），已開啟降溫裝置，希望溫度下降。

- 倒數計時 2 分鐘。

- 時間到檢查溫度，若為 25（含 25）以下，則顯示 OFF（顯示關機）。

- 檢查時間都是 2 分鐘循環。

可以依實際運作做相關參數調整。

迴圈中，檢查溫度大於 25 度，開機 ON，程式設計：

```
if(te>=25)  {  Serial.println("tx on..."); op(0); led_bl();
   delay(1000);  op(1); led_bl();  }
```

但是會一直發射信號出去，因此設計一旗號變數 ftx，設為 1，表示已經發射，裝置為開啟狀態，不會重複發射信號。程式設計：

```
if(ftx==0 && te>25) {  Serial.println("tx on...");  ftx=1;
/* 發射信號出去…………… */       }
```

旗號變數 ftx 設為 1，裝置為開啟狀態，開始降溫，倒數計時開始，兩分鐘後，檢查是否降溫？降到 25 度後，發射關機信號。程式設計：

```
if(te<=25) { cd.setCursor(12,0); lcd.print(" dec");
     lcd.setCursor(9,1);  lcd.print("25C OFF "); // 關機
     op(0); led_bl(); delay(1000);  op(1); led_bl();
     ftx=0; /* 已發射信號關機，下回再次啟動 */ }
```

💻 程式 gr.ino

```
#include <SimpleDHT.h> // 載入程式庫
#include <LiquidCrystal_I2C.h> // 引用程式庫
LiquidCrystal_I2C lcd(0x27,16,2);//lcd I2C 介面，使用 2 行 16 字元模式
#include <HardwareSerial.h> // 載入額外串列介面程式庫
HardwareSerial ur1(1); // 宣告額外串列介面
int RX1=12; // 定義額外串列介面腳位
int TX1=14;
int pinDHT11=4 ; // 定義感知器腳位
SimpleDHT11 dht11; // 定義感知器物件
int te=20, hu=80;// 感知器溫溼度值
int led =2; //定義 LED 腳位
int bz=32; // 定義壓電喇叭腳位
int mm=2, ss=1;// 倒數計時分秒
unsigned long ti=0;// 系統計時變數
char ftx=0; // 已發射控制信號旗號
void setup()// 初始化設定
{
  ur1.begin(9600, SERIAL_8N1, RX1, TX1);
  Serial.begin(115200); Serial.println("GR TEST");
  pinMode(led, OUTPUT);
  pinMode(bz, OUTPUT); digitalWrite(bz, LOW);
  lcd.init();    // 初始化 lcd 介面
  lcd.backlight();// 啟動背光
  lcd.clear();// 清除螢幕
  lcd.setCursor(0,0); // 設定游標於第一列起始位置
  lcd.print("GR temp  control"); // 顯示資料
  lcd.setCursor(0,1); // 設定游標於第二列起始位置
  lcd.print("25 C trig"); // 顯示資料
  led_bl();be();
  lcd.setCursor(0,1);
  lcd.print("          ");
}
//----------------------------------
void led_bl()//LED 閃動
{
int i;
 for(i=0; i<2; i++)
  {
   digitalWrite(led, HIGH); delay(50);
   digitalWrite(led, LOW); delay(50);
  }
}
```

```
//-----------------------
void be()  // 嗶聲
{
int i;
 for(i=0; i<100; i++)
  {
   digitalWrite(bz, HIGH); delay(1);
   digitalWrite(bz, LOW); delay(1);
  }
 delay(50);
}
//------------------
int rd_th()// 讀取溫溼度資料
{
    byte temperature = 0;
    byte humidity = 0;
    int err = SimpleDHTErrSuccess;
    if ((err = dht11.read(pinDHT11, &temperature, &humidity, NULL))
      !=SimpleDHTErrSuccess)
     {
      Serial.print("DHT11 failed, err=");
      Serial.println(err);delay(1000); return 0;
     }
     te=(int)temperature; hu=(int)humidity;
     Serial.print("Temp= "); Serial.print(te); Serial.print("C |");
     Serial.print("Hum= ");  Serial.print(hu); Serial.println("%  ");
     delay(800);   //2000stable
     return 1;
}
//-----------------------
void show_tdo()// 顯示倒數計時時間
{
int c;
 c=(mm/10);  lcd.setCursor(3,0);lcd.print(c);
 c=(mm%10);  lcd.setCursor(4,0);lcd.print(c);
   lcd.setCursor(5,0);lcd.print(":");
 c=(ss/10);  lcd.setCursor(6,0);lcd.print(c);
 c=(ss%10);  lcd.setCursor(7,0);lcd.print(c);
}
//--------------------
void op(int d)  // 經由額外串列介面控制發射紅外線信號
{
 ur1.print('T');   led_bl();
 ur1.write('0'+d); led_bl();
}
```

```
//-------------------
void loop()// 迴圈
{
String mess;
 if(rd_th()==1 )
  {
   mess=String(te)+"C "+String(hu)+"%";
   lcd.setCursor(0,1);
   lcd.print(mess);
  }

  if(ftx==0 && te>25) {
    Serial.println("tx on..."); ftx=1;
// 測試用檢查 10 秒鐘
    mm=0; ss=10; show_tdo();
    lcd.setCursor(12,0); lcd.print(" dec");
    lcd.setCursor(9,1); lcd.print("25C ON");// 開機
    op(0); led_bl(); delay(1000); op(1); led_bl(); }

//on 後倒數計時
if(ftx==1)
 if(millis()-ti>=1000)
    { Serial.print(mm); Serial.print(':');
      Serial.println(ss);
      ti=millis();
      show_tdo();
      if ( (ss==1) && (mm==0) ) //time out
        {be(); be();
// 時間到，查溫度
        Serial.println("check temp. <=25..");
        if(te<=25) {
        lcd.setCursor(12,0); lcd.print(" dec");
        lcd.setCursor(9,1);  lcd.print("25C OFF "); // 關機
        op(0); led_bl(); delay(1000); op(1); led_bl();
        ftx=0; // 下回再次啟動
        // 發射關機信號
        for(int i=0; i<10; i++) { be(); led_bl(); }
        }// if(te<=25)
// 溫度無降，再等1分鐘
        else {mm=1; ss=1; show_tdo(); }
//STOP  while(1) {led_bl(); }
      }//time out
      if(ftx==1) ss--; if(ss==0) { mm--; ss=59; }
  }// 1 sec
}
```

17-5 神奇觸控電子琴

彈鋼琴、學鋼琴是許多人兒時的夢想，但學鋼琴的鐘點費不便宜，由於現實問題及家裡的空間，無法放置大台鋼琴，只能用小的攜帶型電子琴取代。現在學程式設計，可以自己設計一台電子琴，也是很有成就感的專題應用。當我了解ESP32 有內建觸控功能，直覺想到設計一台觸控電子琴。

傳統電子琴的專題製作，需要用按下按鍵輸入音階資料，產生旋律輸出。觸控電子琴以觸摸方式，就可以產生音樂了，ESP32 系統內鍵多組觸控功能可以使用，測試時可以由電腦按鍵來測試，單機也可以執行。

實驗時，在網路上意外的發現有網路版本的自動鋼琴彈奏，請參考圖 17-29，鍵盤按鍵就可以取代鋼琴的音階輸入，而且可以設定成多種樂器音色，測試結果效果很好，多樣化的樂器音源產生器，正好可以取代 ESP32 單調的喇叭聲音。

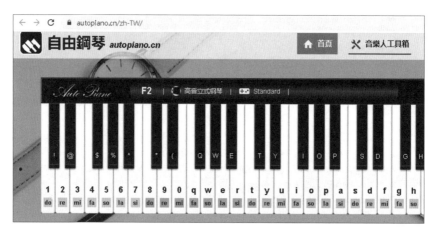

圖 17-29　自動鋼琴彈奏網址連結：https://www.autopiano.cn/zh-TW/

進一步再探索，ESP32 有連線藍牙功能，有人就寫了連結 WIN10 的電腦藍牙鍵盤模擬器功能，可以取代按鍵的輸入，請參考第 10 章實驗。因此二者技術就可以串接在一起了,也就是觸控按了以後,發射信號連線到電腦端,經過模擬器輸出按鍵觸發信號,就可以自動彈奏鋼琴了。測試步驟如下:

■ 筆記型電腦線先連線自動鋼琴,同步演奏。

■ 按鍵彈奏 123 測試一下,可聽到鋼琴聲音。

■ 通電後,筆電先做藍牙掃描和自動配對。

■ 連線後,ESP32 按下 EN 鍵(RESET 鍵)。

■ 喇叭播放 DO RE ME,開機正常。

■ 筆電聽到鋼琴聲音則連線成功。

■ 觸控點 1 到 7,觸控輸入簡譜音階 1-7,彈奏音樂。

■ 由串列介面測試按鍵 0,自動演奏一段旋律。

■ 修改 C 程式碼,可以改成自己想要的功能。

專題功能

■ ESP32 接收觸控單芯線 7 條輸入,輸入 1-7 簡譜音階,彈奏音樂。

■ ESP32 啟動藍牙功能,連線有藍牙的筆記型電腦。

■ 筆記型電腦,執行上網連線自動鋼琴。

■ 連線後,由 ESP32 觸控輸入,驅動喇叭,自動鋼琴同步演奏。

圖 17-30 為觸控電子琴實作,觸控單芯線 7 條線,焊接於萬用電路板上面,方便觸摸彈奏產生音樂。

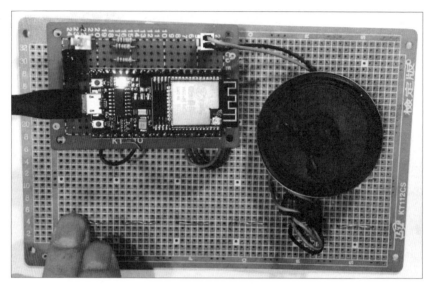

圖 17-30 觸控電子琴實作

實驗電路

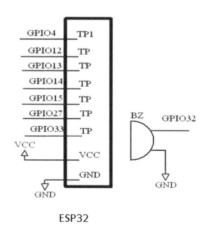

ESP32

圖 17-31 觸控電子琴實驗電路

實驗電路使用如下零件：

■　LED：動作指示燈。

■　觸控單芯線 7 條：觸控輸入音階。

■　壓電喇叭：音樂、音效聲音輸出，可接小型喇叭，輸出聲音大聲。

程式設計

　本專題結合觸控、藍牙連線、音效及鍵盤模擬器功能，連結網路版本的自動鋼琴彈奏，成為一台可攜式觸控電子琴。程式設計分為以下幾部分：

■　載入音階播放功能。

■　音調對應頻率值設定。

■　演奏歌曲音調與音長資料設定。

■　壓電喇叭驅動。

■　各種音效產生。

程式 BT_PC_org.ino

```
#include <ESP32Servo.h>// 載入程式庫控制音階播放功能
// 音階頻率設定
int f[]={0, 523,  587,  659,  698, 784,   880, 987,
      1046, 1174, 1318, 1396, 1567, 1760, 1975};
int tp[]={2,  4, 12, 13, 14, 15, 27, 33};
#include <BleKeyboard.h>// 載入程式庫
BleKeyboard bkey;// 宣告藍牙鍵盤物件
int led=2; // 定義 LED 腳位
int bu=32; // 定義壓電喇叭腳位
void setup() {// 初始化設定
 int i;
  Serial.begin(115200);
  Serial.println("BLE orgon key to PC ..");
  pinMode(led, OUTPUT);
  pinMode(bu, OUTPUT);
```

```
  led_bl();
  bkey.setName("vic BLE1 Key");
  bkey.begin();
  delay(2000); led_bl();
  if ( bkey.isConnected()) test();
  test_tone();
}
//-------------------
void led_bl()//LED 閃動
{
 digitalWrite(led,1);  delay(200);
 digitalWrite(led,0);  delay(200);
}
//--------------------
void test_tone()// 測試音階
{
  tone(bu,  f[1],300);//C(Do)
  tone(bu,  f[2],300);//D(Re)
  tone(bu,  f[3],300);//E(Me)
}
//-----------------------------------
void be()// 發出嗶聲
{
int i;
 for(i=0; i<100; i++)
  {
   digitalWrite(bu,1);  delay(1);
   digitalWrite(bu,0);  delay(1);
  }
 delay(50);
}//--------------------------
void test()// 發送測試信號
{
 Serial.println("BLE TEST123...");
 bkey.print("1"); delay(100);
 bkey.print("2"); delay(100);
 bkey.print("3"); delay(100);
}
//-------------
void tx_key(int i)// 發送對應音階信號
{
 if(i==1) bkey.print("1");
```

```
if(i==2) bkey.print("2");
if(i==3) bkey.print("3");
if(i==4) bkey.print("4");
if(i==5) bkey.print("5");
if(i==6) bkey.print("6");
if(i==7) bkey.print("7");
}
//----------------------------
void loop()// 主程式
{
int i;
if(Serial.available()>0)
  { char c=Serial.read();
    if(c=='0' && bkey.isConnected())
      { led_bl(); test();}    }

for(i=1; i<8; i++)
  if(touchRead(tp[i])<=50)
   { delay(30);
    if(touchRead(tp[i])<=50)
    { led_bl();
      if ( bkey.isConnected() ) tx_key(i);
      tone(bu, f[i], 200);
      if ( bkey.isConnected()) digitalWrite(led,1);
  else digitalWrite(led,0);
    }
  }
}
```

17-6 ESP32 連線手機──將手機變成聲控機器人

　　在上課中，有家長問到，如何製作低成本的聲控機器人？要有聲控功能，於是我想到用 Google 零成本（固定成本）來設計。手機採用多核心的處理器控制，全新手機加上月租費，通常要 2 萬元，比電腦還貴。所以本節專題實驗目的，讓使用者可以控制它，創造出極大的價值。手機固定成本，怎麼讓它功能應用最大化？例如用舊的手機，放到遙控車上，就變成遙控機器人控制平台。

在《Arduino 專題製作與應用－ Python 連線控制篇》一書第 17 章中,將筆記型電腦變成機器人,探索 Python 各式程式設計的應用。相同原理,手機就是高速執行的多核心處理器和行動裝置,更適合做相關機器人實驗研究。17-3 專題是以手機來遙控車子行進,本節實驗是以 ESP32 經由藍牙連線手機,開始探索手機的各種資源應用,手機就是行動裝置,可以是多媒體播放機,可以是通訊裝置,可以下載各式需要的應用程式,可以學習、測試程式設計,用它來開始測試聲控機器人相關實驗,進而完成基礎實驗的開端,ESP32 連線手機後,就可以將手機變成聲控機器人的程式發展測試平台。

下一步就是探索出可以程式化設計的功能,其中關鍵是 Google 聲控與語音合成,由於它是免費的,因此成為大家通用的開發工具,本書關鍵已經打開啟動 Google 聲控的人機介面了。就看使用者如何整合去做應用,將手機變成聲控機器人用於生活中。控制步驟如下:

■　ESP32 驅動送出藍牙信號給手機。

■　手機收到信號後,啟動 Google 聲控。

■　聲控後說出語音內容。

■　聲控後可以執行手機上相關應用程式。

■　聲控後也可以將語音內容字串結果傳回 ESP32 主機,做後續應用處理。

■　使用者可自行定義 ESP32 端的聲控命令及功能,可用於機電、家電控制。

為方便程式設計實驗,快速驗證功能,手機端的程式設計是以 App Inventor 來做整合。請參考 17-3 節說明。

為了做手機變成聲控機器人後續應用設計,手機主動送出各式命令,ESP32 回應命令,提供訊息交換資料。將手機變成聲控機器人,可以在 ESP32 系統中,自行設計應用程式,控制 Google 聲控與語音合成功能,實現低成本的說話、對話機器人應用實驗。手機多重命令如下:(C1、C2 命令)

C1 命令：手機送出 C1 命令，要求 ESP32 傳送指令字串

　　手機主動送出 C1（數值 1）命令，ESP32 接收後回傳指令字串，手機收到後解讀字串內容，可以說出語音，可能是提示語或是回應聲控內容。ESP32 接收後回傳字串，可以有多重選擇設定，由串列監控介面設定測試內容。可以由使用者設計端做修改，方便各種實驗。就可以遙控手機說出各種語音內容，手機成為應答說話機器人應用。

　　當手機收到指令字串後進行解碼，取出關鍵字做相關功能執行。目前指令字串中的關鍵字設計如下：

■　SAY：啟用手機說話功能。

■　GVC：啟用手機聲控功能。

　　例如 bt.print("SAY=1您好，這是遙控GOOGLE");，送出指令字串，驅動手機說話。

　　例如 bt.print("GVC啟動聲控");，送出指令字串，驅動手機啟動聲控。

C2 命令：手機送出 C2 命令，聲控完成，要求 ESP32 接收聲控內容

　　手機主動送出 C2 命令（數值 2），ESP32 準備接收字串資料，當作聲控結果。

　　例如：聲控結果為「LED」，手機傳回「LED」字串，ESP32 可以自行設計語音回應內容，如說出「LED 閃動」，回傳字串。

```
if(btc==2){
    fans=0;  ans=ur1.readString();// 讀取答案
    Serial.print(">");Serial.println(ans);// 電腦顯示聲控結果
    if (ans.indexOf("LED")>=0) // 聲控結果中有 LED 關鍵字
     {led_bl(); led_bl();led_bl(); fans=1; echo="SAY= LED 閃動    "; }
}// com2
```

可以由 ESP32 端自行設計、定義有效聲控內容及後續如何應用，就可以依使用情境，設計出各種多用途的聲控應用。

專題功能

- ESP32 驅動送出藍牙信號給手機。
- 手機收到信號後，啟動 Google 聲控。
- 聲控後說出語音內容。
- 聲控後可以執行手機上相關應用程式。
- 聲控後也可以將語音內容字串結果傳回 ESP32 主機，做後續應用處理。
- 連線測試，打開監控視窗測試 ESP32/Google 互動實驗，連線後測試如下：
  - 監控視窗按鍵 1，語音測試。
  - 監控視窗按鍵 8，啟動聲控。
- 觸控可以啟動聲控。
- 說出「LED」，系統 LED 閃動，手機說出「LED 閃動」。

實驗結果

在這節實驗中先建立啟動聲控及說中文功能，先測試手機端功能，此程式仍然適合下一節聲控智慧音箱實驗。由於 AI2 系統已經取消舊款支援藍牙連線方式，舊款連線可以使用手機系統藍牙連線選單功能，新的實驗需使用固定藍牙地址連線方式，請參考附錄說明，如何使用。新的連線實驗程式，可以使用固定藍牙地址連線，需上 AI2 系統產生安裝檔，才能有連線功能。

此應用程式無連線功能，但是可以離線測試聲控及說話功能。請參考圖 17-32 經由簡單功能，可以測試聲控互動，展示測試如下：

1. 點 [VC]，說出指令，圖 17-33 說出指令，系統告知聲控指令，可以說出這些指令，系統會有回應。

2. 例如圖 17-34 說出我的夢，啟動影片播放。

3. 例如圖 17-35 說出幾號，系統告知日期。

4. 若有安裝藍牙連線，如圖 17-36，藍牙連線後，會說出連線。此時觸控可以
   啟動聲控，說出「LED」，系統 LED 會閃動，手機說出「LED 閃動」。

   點選 [SAY] 語音測試，更多應用參考可以點選 [New_fn] 查看更多連結資訊。

圖 17-32　測試程式執行畫面

圖 17-33　說出指令，系統告知聲控指令

圖 17-34　說出我的夢，啟動影片播放

圖 17-35　說幾號，系統告知日期

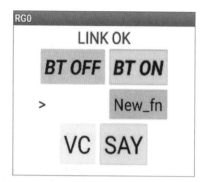

圖 17-36　連線後會說出連線

圖 17-37 為 ESP32 連線手機實作，以杜邦線直接連接模組，省下轉接板子，以最簡單硬體來做手機連線實驗。

圖 17-37　連線手機實作

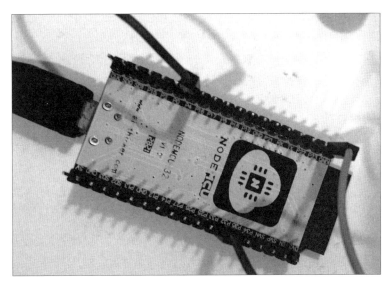

圖 17-38　以杜邦線直接連接 ESP 模組

實驗電路

圖 17-39 是實驗電路，使用如下零件：

■ LED：動作指示燈，在 ESP32 模組上，使用 GPIO2。

■ 觸控點：啟動手機聲控功能，使用 GPIO4。

■ 壓電喇叭：連線通知，使用 GPIO32。

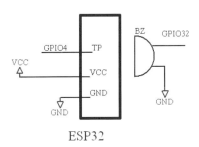

圖 17-39　ESP32 連線手機實驗電路

程式設計

本專題結合藍牙連線、手機聲控、手機語音合成、觸控、藍牙指令功能，成為一台 ESP32 連線手機聲控裝置。程式設計分為以下幾部分：

■ 藍牙連線設計。

■ 觸控點啟動手機聲控功能。

■ 讀取藍牙手機多重執行指令。

■ 處理多重執行命令。

藍牙連線設計如下：

```
bt.begin("vic BLE1 Key "); // 設定識別碼
Serial.print("RC google link...");
delay(2000);led_bl();// 延遲一下
Serial.println("OK");be(); // 提醒已送出連線信號
```

聽到嗶一聲，提醒已送出連線藍牙信號，手機端再點連線，則容易連線成功。無法連線則無法測試功能。

為了讀取藍牙手機多重執行指令，及處理多重執行命令，程式架構設計如下：

```
Loop:
if(bt.available()>0){ // 藍牙有指令傳入
   char btc=bt.read();// 讀取指令
if(btc==1) { // 指令 c1
    if(touchRead(tp)<=10){…….}// 觸控啟動處理
    if ( Serial.available() > 0 {…..})// 串列介面設定測試命令
    }// 指令 c1
//--------------------------------
if(btc==2) { // 指令 c2
String bt_data=bt.readString();// 讀取答案
   Serial.print(">");Serial.println(bt_data);// 電腦顯示聲控結果
   ans=bt_data;// 取出聲控結果
```

```
// 由聲控結果，啟動應用 ----------------------------
    }// 指令 2
}// 藍牙指令處理

* 觸控點啟動手機聲控功能
if(btc==1) {
    if(touchRead(tp)<=10)// 觸控啟動 ====
     {
      delay(100);
      if(touchRead(tp)<=10){
       digitalWrite(led,1); delay(200);     led_bl();
       bt.print("GVC啟動聲控"); Serial.print("vc...");}
     }
```

程式架構了解，可以由操作處理情境思考：

■ 讀取藍牙手機多重執行命令。

■ 處理多重執行命令。

■ 系列時序事件程式處理。

系列時序事件處理如下：

■ ESP32 送出藍牙信號給手機連線。

■ 手機連線後，送出要求指令執行。

■ 收到聲控信號後，啟動 Google 聲控。

■ 聲控後説出語音內容。

■ 聲控後執行手機上相關應用程式。

■ 聲控後將語音內容字串結果傳回 ESP32。

■ ESP32 做後續應用處理。

程式 RG0.ino

```
#include <BluetoothSerial.h>// 載入藍牙功能
BluetoothSerial bt;// 宣告藍牙物件
int bu=32;// 壓電喇叭
int led=2;//LED 指示
int tp=4; // 觸控點
String ans,echo; // 聲控結果及回應內容
bool fans;// 旗號已取得聲控結果
char btc;// 接收資料
//================================
void setup() {// 初始化，送出連線藍牙信號
Serial.begin(115200);
pinMode(led, OUTPUT);  pinMode(bu, OUTPUT);
bt.begin("vic BLE1 Key ");
delay(2000); led_bl();
Serial.println("ESP32 E0--Be to link BT!");
be();
}
//--------------------------------------------
void led_bl()//led 閃動
{
int i;
 for(i=0; i<1; i++)
  {digitalWrite(led, HIGH); delay(50);
   digitalWrite(led, LOW);  delay(50);  }
}
//----------------------------------
void be()// 嗶一聲
{
int i;
 for(i=0; i<100; i++)
  {digitalWrite(bu, HIGH); delay(1);
   digitalWrite(bu, LOW); delay(1);  } delay(100);
}
//--------------------------------
void loop()// 主程式
{
char c;
if(bt.available()) // 藍牙有指令傳入
 {
  btc=bt.read();// 讀取指令
```

```
//==========================
  if(btc==1) { //指令 c1== 輸出語音
  if(fans==1) { bt.print(echo); fans=0; }
  if ( Serial.available() > 0 ) {
      c=Serial.read(); led_bl();
      if(c=='1') bt.print("SAY=1 您好，這是遙控 GOOGLE");
      if(c=='8') bt.print("GVC 啟動聲控");          }
 // 觸控啟動
  if(touchRead(tp)<=10) {         delay(100);
    if(touchRead(tp)<=10){// 再次確認觸控啟動
    digitalWrite(led,1); delay(200);  led_bl(); // 送出指令啟動聲控
    bt.print("GVC 啟動聲控");Serial.print("vc...");} /* 再次確認觸控啟動 */ }
   }//C1 Xcom=====================
if(btc==2){
   fans=0; ans=bt.readString();// 讀取答案
   Serial.print(">");Serial.println(ans);// 電腦顯示聲控結果
   if (ans.indexOf("LED")>=0) {led_bl(); led_bl();led_bl();
       fans=1; echo="SAY= LED 閃動        "; }
   }//C2 com
}//ur1
}//loop
```

17-7 ESP32 智慧音箱實驗

前兩年智慧音箱很熱門，Google 也有自己的智慧音箱，稱為 Nest，特別是用在聲控家電上面的應用很多，好奇的人都買來做測試，常用的功能就是家電控制，還有語音查詢、聊天、對話的功能。最關鍵的技術是智慧聲控。當我們學會程式設計後，基本上就可以用程式啟動 Google 來做這樣子的實驗，上一節中已經介紹過這樣子的一個程式設計實驗，只要做技術的整合，就可以做智慧音箱的基礎相關實驗。先分析一下智慧音箱關鍵技術及常用應用：

■ 語音聲控：直覺控制應用、查詢。

■ 語音回應：回應查詢事項。

■ 家電控制：紅外線遙控器介面控制或是市電開關。

■ 通訊介面：連線上網或是藍牙連線。

只要可以控制 Google 手機，就可以程式啟動語音聲控及應答。紅外線遙控器家電控制，可以串接第 13 章應用。ESP32 內建藍牙功能，可與手機連線做實驗，以最低成本，實現居家自動化物聯網智慧音箱實驗。智慧聲控設計、測試步驟如下：

■ 先模擬情境聲控命令，例如：來點音樂，開始播放音樂。

■ 聲控測試：可以使用 Google 聲控介面來做測試聲控命令。

■ 聲控命令回應：當系統辨認出結果，可以用 Google 語音合成說出結果。

■ 手機端傳回結果：將聲控結果傳回到 ESP32 做處理。

■ 執行聲控命令：啟動聲控應用。

在 17-2 聲控車實驗中，用手機聲控，說話時間 2 秒鐘，若沒有說話，它就要你再說一次，您可以依自己習慣，測試自己的特定聲控命令，無法穩定的辨認出來，智慧音箱實驗就無效了。多測試幾次，智慧音箱將是有趣、有用的程式設計研究主題。請參考上一節設計說明，完整過程，會有以下事件處理：

■ ESP32 以藍牙信號連線手機，收到手機 C1 請求信號，則送出控制字串。

■ 控制字串可以啟動 Google 聲控。

■ 聲控後說出語音內容，如語音內容 LED，說出來當作參考。

■ 聲控後將語音內容字串結果傳回 ESP32 主機。

聲控後手機可以執行手機上相關應用程式，ESP32 設計端取得聲控內容當做參考，如是 LED 則驅動模組上面 LED 閃動，當做測試程序驗證。都完成後，則做應用端的後續設計。

常用功能為查詢及家電、機電控制：

■ 查詢：例如幾點、幾號，可由手機處理。

■ 家電、機電控制：分成兩種，有遙控器裝置或是無遙控器裝置控制。有遙控器裝置可以加裝紅外線發射 LED（請參考第 9 章說明），發射遙控器相容信號。遙控器信號若是太複雜，則改用學習型模組來做整合控制。無遙控器裝置控制，則控制傳統繼電器，控制迴路則再分成兩種，市電 110V 及乾接點迴路。乾接點迴路可以連接其他電器，如電池操作的裝置。

專題功能

手機端安裝開啟應用程式，先連線。若連線成功會說出連線。接觸觸控點，則啟動手機聲控，說出內建實驗指令做測試。目前實驗指令、執行動作如下：

■ 說明：系統自我介紹，這是 ESP32 可連線啟動 GOOGLE 聲控的裝置，可以自行以 App Inventor 工具設計相關應用。

■ 指令：說出目前聲控指令，說明、指令、我的夢、幾號、幾點，空調及家電控制則依需要加入，ESP32 端可以自行定義設計。

使用者可以簡單設計工具，設計出相關聲控指令，及對應的應用服務，使生活更方便，所有內容都可以自己設計。展示系統若未連線，仍可聲控，說出以下指令會有動作反應：

■ 說明：這是連線啟動 GOOGLE 聲控的裝置。

■ 指令：目前聲控指令。

■ 影片：開啟 YouTube 播放影片。

■ 我的夢：連接 YouTube 播放影片。

■ 幾點：手機說出現在時間。

■ 幾號：手機說出今天日期。

新增加以下指令：

■ 空調：啟動空調。

■ 電燈：開關電燈。

■ 電扇：開關電扇。

ESP32 端可以自行設計，目前是發射存於學習型模組內編號 0 跟 1 信號，開啟電扇及冷氣。當然可以結合學習模組，自己加入家電應用控制如下：

■ 電扇：開啟電扇，預設於學習模組編號 0。

■ 冷氣：開啟冷氣，預設於學習模組編號 1。

■ 電燈：開啟電燈，預設於學習模組編號 2。

■ 電視：開啟電視，預設於學習模組編號 3。

電扇與電燈若無遙控功能，可以設計繼電器迴路控制電源開關。

實驗結果

上一節已經介紹過手機安裝應用程式，進行聲控、説中文的測試方式，無藍牙連線也可以測試。有藍牙連線，可以自己設計聲控指令，使用上更有彈性。本節實驗結合家電介面做控制，圖 17-40 是使用監控視窗來測試 Google 聲控的互動實驗，連線步驟如下：

STEP **1** 先打開監控視窗。

STEP **2** 出現選單。

STEP **3** 聽見嗶聲手機點連線。

手機連線後做測試，由監控視窗測試 ESP32 連線 Google 測試如下：

■ 監控視窗按鍵 1、2、3，做語音測試。

■ 監控視窗按鍵 8，啟動聲控。

■ 觸控可以啟動聲控。

■ 説出「火戰車」，手機端連結到 YouTube 頻道，播出影片「火戰車」。

■ 説出「空調」，系統啟動設定，手機説出「空調設定」。

■ 説出「電燈」，系統啟動相關設定，手機説出「電燈設定」。

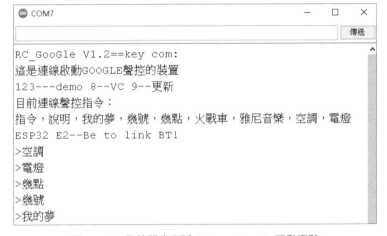

圖 17-40　監控視窗測試 ESP32/Google 互動實驗

實驗電路

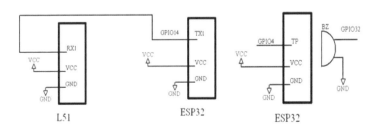

圖 17-41　智慧音箱實驗電路

實驗電路使用如下零件：

■ ESP32 模組：經由內建藍牙連線手機。

■ 額外串口介面：控制 L51 學習模組或是家電。

■ 觸控點：啟動手機聲控功能。

■ 壓電喇叭：音效聲響輸出連線通知。

程式設計

本專題結合藍牙連線、手機聲控、手機語音合成、觸控、藍牙指令功能、手機應用程式，成為一台可程式化智慧音箱，程式設計分為以下幾部分：

■ 藍牙連線設計。

■ 觸控點啟動手機聲控功能。

■ 與手機互動讀取藍牙手機多重執行指令。

■ 處理多重執行命令。

以上上一節已經介紹過。新增功能：

■ 聲控互動功能設計。

■ 設計新關鍵字讓手機解碼應用。

■ 機電連結設定。

當手機收到指令字串後進行解碼，取出關鍵字做相關功能執行。新增關鍵字 https，做網路連結應用，因此目前指令字串中的關鍵字有：

■ SAY：啟用手機説話功能。

■ GVC：啟用手機聲控功能。

■ https：網路連結功能。

說出「火戰車」，手機端連結到 YouTube 頻道，播出影片「火戰車」。設計如下：

```
if (ans.indexOf(" 火戰車 ")>=0)  { delay(1000);
    fans=1; echo="https://www.youtube.com/watch?v=bq6N7ibWp4M"; }
```

可以 4 步驟設計自己的聲控點唱機，增加曲目：

- 測試聲控指令如「火戰車」，看看 google 能否辨識出來。

- 連結 YouTube 網址，測試一下。

- 在程式中編輯 YouTube 網址。

- 載入 ESP32 中做測試。

加入機電連結設定，可以實現聲控家電互動功能設計：例如

- 說出「空調」，手機辨認出「空調」。

- ESP32 收到「空調」關鍵字。

- ESP32 送出「空調設定」。

- 手機說出「空調設定」。

- 經由學習模組啟動冷氣。

結合 L51 送出控制指令：

- op(0);// 遙控開電扇。

- op(1);// 遙控開冷氣。

- op(2);// 遙控開電燈。

程式設計如下：

```
 if (ans.indexOf(" 空調 ")>=0) { delay(1000);
 op(0); led_bl();  delay(1000); op(1); led_bl();
```

```
fans=1; echo="SAY= 空調設定   ";   }

if (ans.indexOf(" 電燈 ")>=0) { delay(1000);
op(2); led_bl();
fans=1; echo="SAY= 電燈設定   ";        }
```

　　本系統最大特點，使用者經由 ESP32，可以設計聲控應用指令，結合手機聲控語音合成，呈現智慧音箱應用基礎實驗，建構一連線實驗平台，繼續探索更多可能應用。

程式 RG1.INO

```
#include <HardwareSerial.h> // 載入程式庫
HardwareSerial ur1(1); // 使用 UART1
int RX1=12; // 指定產生 ur1 串列介面腳位
int TX1=14;
#include <BluetoothSerial.h>// 載入藍牙功能
BluetoothSerial bt;// 宣告藍牙物件
int bu=32;// 壓電喇叭
int led=2;//LED 指示
int tp=4; // 觸控點
String ans,echo; // 聲控結果及回應
bool fans;// 旗號已取得聲控結果
char btc;// 接收資料
//================================
void setup() {// 初始化，送出連線藍牙信號
Serial.begin(115200);
ur1.begin(9600, SERIAL_8N1, RX1, TX1); //12RX 14TX
pinMode(led, OUTPUT);  pinMode(bu, OUTPUT);
bt.begin("vic BLE1 Key ");
delay(2000); led_bl();
Serial.println("ESP32 E2--Be to link BT!");
be();// 提醒已送出連線藍牙信號
menu();// 送出測試資訊
}
//----------------------------------------
void led_bl()//led 閃動
{
int i;
 for(i=0; i<1; i++)
```

```
  {
  digitalWrite(led, HIGH); delay(50);
  digitalWrite(led, LOW);  delay(50);
  }
}
//-----------------------------------------------------------
void be()// 嗶一聲

{
int i;
 for(i=0; i<100; i++)
  {
   digitalWrite(bu, HIGH); delay(1);
   digitalWrite(bu, LOW); delay(1);
  }
 delay(100);
}
//------------------------
void menu()// 送出測試資訊
{
 Serial.println("RC_GooGle V1.2==key com:");
 Serial.println(" 這是連線啟動 GOOGLE 聲控的裝置 ");
 Serial.println("123---demo 8--VC 9-- 更新 ");
 Serial.println(" 目前連線聲控指令：");
 Serial.println(" 指令，說明，我的夢，幾號，幾點，火戰車，雅尼音樂，空調，電燈 ");
}
//----------------------------------------
void loop()// 主程式
{
char c;
if(bt.available())  // 藍牙有指令傳入
 {
  btc=bt.read();// 讀取指令
//=====================================================
  if(btc==1) { // 指令 c1== 輸出語音或是控制指令
  if(fans==1) { bt.print(echo); fans=0; }
  if ( Serial.available() > 0) {
      c=Serial.read(); led_bl();
      if(c=='1') bt.print("SAY=1 您好，這是遙控 GOOGLE");
      if(c=='2') bt.print("SAY=2 有趣的歷程實作、探索 C 程式設計   ");
      if(c=='3') bt.print("SAY=3 在上課中，有家長問到，如何製作低成本的聲控機器人
");
```

```
        if(c=='8') bt.print("GVC 啟動聲控 ");
        if(c=='9') bt.print("http://vic8051.idv.tw/pgs.htm");    }
   // 觸控啟動
   if(touchRead(tp)<=10) {
        delay(100);
        if(touchRead(tp)<=10){// 再次確認觸控啟動
        digitalWrite(led,1); delay(200);  led_bl(); // 送出指令啟動聲控
        bt.print("GVC 啟動聲控 ");Serial.print("vc...");} /* 再次確認觸控啟動 */ }
   }//C1 Xcom=========================

if(btc==2){
    fans=0; ans=bt.readString();// 讀取答案
    Serial.print(">");Serial.println(ans);// 電腦顯示聲控結果
    if (ans.indexOf("LED")>=0) {led_bl(); led_bl();led_bl();
        fans=1; echo="SAY= LED 閃動        "; }
    if (ans.indexOf(" 溫度 ")>=0)  { delay(1000); /*red temp */
        fans=1; echo="SAY= 溫度 23 度 C      "; }

    if (ans.indexOf(" 說明 ")>=0)  { delay(1000);
        fans=1; echo="SAY= 這是連線啟動 GOOGLE 聲控的裝置，可以 ESP32  設計聲控指令
及應用    "; }
    if (ans.indexOf(" 指令 ")>=0)  { delay(1000);
        fans=1; echo="SAY= 目前聲控指令，說明，介紹一下，聲控指令，我的夢…，幾
號，幾點    "; }
    if (ans.indexOf(" 我的夢 ")>=0)  { delay(1000);
        fans=1; echo="https://www.youtube.com/watch?v=-gK7cBseKyM"; }
    if (ans.indexOf(" 火戰車 ")>=0)  { delay(1000);
        fans=1; echo="https://www.youtube.com/watch?v=bq6N7ibWp4M"; }
    if (ans.indexOf(" 雅尼音樂 ")>=0)  { delay(1000);
        fans=1; echo="https://www.youtube.com/watch?v=0Bibakst1H0"; }
    if (ans.indexOf(" 影片 ")>=0)  { delay(1000);
        fans=1; echo="https://www.youtube.com"; }
//----------- 自行設計 -------------------------
    if (ans.indexOf(" 空調 ")>=0) { delay(1000);
        op(0); led_bl();  delay(1000); op(1); led_bl();
        fans=1; echo="SAY= 空調設定   "; }
    if (ans.indexOf(" 電燈 ")>=0) { delay(1000);
        op(2); led_bl();
        fans=1; echo="SAY= 電燈設定   "; }
//===========================================
    }//C2 com
}//url BT
```

```
}//loop
//------------------------
void op(int d)// 送出發射指令
{
 ur1.print('T');    led_bl();
 ur1.write('0'+d);  led_bl();
}
```

17-8 分散式控制專案實驗及應用

在專案控制上，傳統方式中有一種有效的方法，稱為分散式控制，書中應用很多此方面知識來做實驗，用來解決特定的功能問題。本節介紹此技巧及應用，及以 ESP32 連線智慧手機可能遇到問題及應用處理。分散式控制是將一項複雜專案，先檢視基本功能，需要的模組測試出來，再經由介面連線實現完整專案。優點如下：

■ 單一模組可單獨動作。

■ 連線功能強。

■ 彈性製造。

■ 安裝維修容易。

請參考第 12 章實驗，以 ESP32 說中文為例使用 MSAY 模組，它支援 3 種控制方式：

■ 單機 UNO 操作，方便拔插組合，適合教學，最簡單說中文的方式。

■ 由外部串列介面，送入指令內容，說出語音。

■ 由遙控器操作，說出語音。

由於 ESP32 支援有多組額外串列介面，可以直接送出指令給 UNO 說話，簡單方便。若額外串列介面不夠用，可以連接紅外線發射 LED，發射遙控器相容信號出去，也可以說出中文。使用介面都是簡單、串列式控制，因此容易實現連線，就是分散式控制專案實例。

ESP32 連線智慧手機

智慧手機隨時間的使用，有更多成熟的應用，很多已經整合到量測控制上，家電控制更是成熟，智慧音箱就是一例，由探索智慧音箱實驗中，用 ESP32 設計程式與 GOOGLE 手機連線，就是使用手機聲控及說話功能，打開實驗介面，就可以程式設計聲控及說話功能。關鍵的實驗介面是：

■　藍牙：ESP32 內建。

■　GOOGLE 手機設計工具：AI2 低學習門檻，容易以積木概念做實驗。

■　ESP32 設計工具：C 程式控制。

■　控制的方式：技術細節及應用。

當 ESP32 遇到手機控制實驗，會出現哪些問題？其中控制的方式需實驗才能解決。有遇到真的要設計的時候，如何驗證一些功能，可以用快速的驗證，當然也要從熟悉基礎積木功能開始，才能做進一步的專案設計、實驗及驗證。

ESP32 與手機連線控制實驗，就是分散式控制實驗的案例，實驗時會出現的問題：

■　ESP32 C 程式編譯器編譯程式太慢，延長測試時間。

■　AI2 積木程式產生後，需要載入手機才能測試，也會延長測試時間。

■　連線測試需要兩方都正常，才能測試正常。

■　對 AI2 積木程式操作的熟悉。

連線測試需要兩方都正常，才能測試正常，串列介面，較容易測試，藍牙需要連線，困難度加高。較佳的實驗程序參考：

- 先構思程式基礎功能。

- 單一基礎功能先測試完成。

- 整合基礎功能建立資料庫。

- 由資料庫中取出必要功能程式碼。

- 整合到 ESP32 或手機單一系統中。

- 整合 ESP32 與手機連線控制實驗。

ESP32 編譯器編譯程式太慢問題，可以試試以下步驟：

STEP (1) 固定編譯 TEST.INO。

STEP (2) 下載測試。

STEP (3) 若測試正常，複製檔案備用。

STEP (4) 新程式要測試，仍用 TEST.INO，進行編輯工作。

完整由編譯到測試，較佳實驗步驟參考：

STEP (1) 先產生手機端 APK 檔案，此時須等待。

STEP (2) 等待出現 QR Code，掃描安裝 APK 檔案。

STEP (3) 等待時間，先編輯、編譯 TEST.INO ESP32 程式。

STEP (4) 等待編譯 TEST.INO 下載到硬體執行。

STEP (5) 下載到 ESP32 硬體執行後，會聽到嗶一聲，表示程式開始執行。

STEP (6) 聽到嗶一聲，程式開始執行，ESP32 先送出藍牙連線信號。

STEP (7) 手機端執行連線功能，正常時可以順利連線。

STEP (8) 開始測試。

經由優化測試、實驗步驟，等待時間縮短，可以省下一些時間，當然要有清晰的腦袋及思維，使設計與除錯更有效率，有效時間內，完成專案實驗。

很多機器人控制實驗是一項複雜的專案實驗，個別專案更需要縝密思維來思考。下一專題或是遇到專案太複雜無法處理時，試試用分散式控制思維來做思考。單一模組可以單獨操作，整合幾種模組，經由紅外線遙控、額外串列介面、ESP32 WiFi、藍牙介面、各種聲控整合應用，將功能做一整合規劃，實現分散式控制實驗，一定很精彩、有趣。更多的應用實驗及程式更新參考：http://vic8051.idv.tw/pgs.htm。

附錄

APPENDIX

附錄 1　藍牙模組與手機連線修正程式

實驗時，以舊 APK 測試 ESP32 與手機連線就 OK，但是新的 aia 程式積木上傳要修改新功能，編譯轉為執行安裝檔，才能有新功能使用。在連線的時候，卻出現全黑，正常應該出現已經掃描、設定過的藍牙模組名單，這就是關鍵。目前系統不允許使用者存取已設定藍牙模組名單，以前可以，使用者用舊版本 BCA5A. APK 測試則正常，參考：

此修正方式適用 UNO 結合 HC06，或是 ESP32 皆可以，讀者遇到類似問題，可以使用此方法來修正連線問題，繼續完成想做的新實驗功能。關鍵是：

■　最新系統不允許使用者存取已設定藍牙模組名單。

■　藍牙模組名單會有固定連線模組地址及名單。

關鍵是需要靠系統來產生安裝檔，就用系統提供的資源來修正，進一步探索，系統提供的資源如下：例如

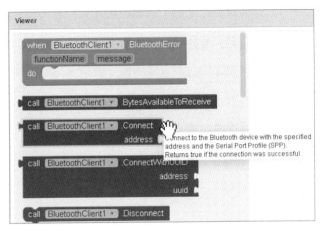

■ 就用固定連線模組地址來連線，以 HC06 做例子，按下連線按鈕的連線修正
積木參考圖。

```
when Button_Con .Click
do  if    call BluetoothClient1 .Connect
                          address  " __:31:FC:24:81 "
    then  set Label1 . Text . to " LINK OK "
    else  set Label1 . Text . to " LINK FAIL "
```

```
when Button_Dis .Click
do  call BluetoothClient1 .Disconnect
    set Label1 . Text . to " NO LINK "
```

先記住連線地址 [XX:24:81]，複製到積木內容中。ESP32 也適用，完整步驟如下：

STEP 1 實驗藍牙配對找出連線地址：使用前 ESP32 需要先通入電源，以手機做掃描及進行配對，配對的藍牙資料會出現在系統藍牙名單中

STEP 2 顯示藍牙連線地址：安裝舊版 BCA5A. APK，可用遙控車 QR Code 掃描安裝，按連線，可以顯示藍牙資料，先記住連線地址。

STEP 3 複製連線地址到修正積木中：此步驟做一次，就可以連線了，除非更改藍牙模組，需要重新設定連線地址。

下回遇到類似問題，就可以試看看此方法來修正連線問題，繼續增加新功能來完成新的實驗。

附錄 2 L51 學習型遙控模組介紹

學習型遙控模組有程式碼下載功能，可以下載新版應用程式，可以支援不同平台的應用，實現應用程式碼及 Arduino/8051 C 程式無限應用下載的各種實驗。目前支援的特殊功能應用如下：

■ 支援 8051 C 語言 SDK，支援自行設計遙控器學習功能。

■ 支援紅外線信號分析器展示版功能，由電腦來學習、儲存、發射信號。

■ 由電腦應用程式發射遙控器信號，控制家電等應用。

■ 遙控玩具改裝實驗。

學習型遙控模組先下載 AIR.HEX 紅外線信號分析程式，與電腦 USB 介面連線後，便可以在電腦上看到紅外線波形及數位信號，例如，射飛鏢玩具遙控器，經過分析長度為 10，可以轉碼到控制器中，發射相同信號做控制應用實驗。

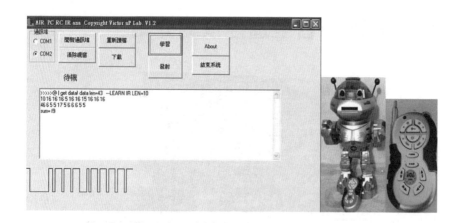

實驗希望由中文聲控模組 VI，發射相同信號控制機器人動作，可以用相關技術來做實驗。

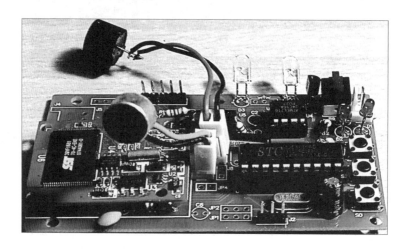

「對應遙控器解碼再發射應用」技術轉碼步驟如下：

STEP ① 學習遙控器信號：先以紅外線學習板，學習遙控器信號到電腦端。

STEP ② 記錄原始檔：當系統出現紅外線波形會自動存檔，使用者可先將數位資料記錄起來稱為原始檔。

STEP ③ 將數位資料轉入 VI 聲控應用端並發射信號：依照設計範例將數位資料轉入 VI 聲控發射端，看看玩具機器人是否啟動。

STEP ④ 記錄測試檔：若無法啟動再由紅外線學習板讀回，將數位資料記錄起來稱為測試檔。

STEP ⑤ 微調控制參數：慢慢比對測試檔與原始檔資料，並對微調數位資料中的參數，轉入 VI 聲控應用端再發射信號，直到控制端啟動為止。

　　相同設計原理可以應用於改裝其他遙控玩具、遙控裝置實驗，由外部控制的各式應用，可以上網查看：http://vic8051.idv.tw/XIR.htm。

　　加入機電連結設定，可以實現聲控家電互動功能設計：例如説出「空調」，手機辨認出「空調」，傳回結果到 ESP32，ESP32 收到「空調」關鍵字，ESP32 經由額外串列介面送出信號給學習模組，打開冷氣控制。

附錄 3 VCMM 不限語言聲控模組使用

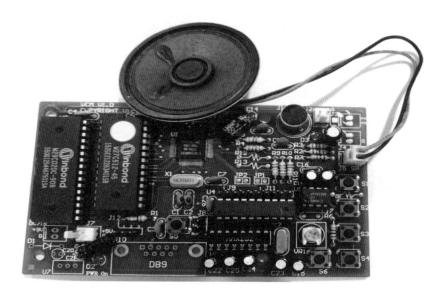

VCMM 聲控模組可應用於不限定語言聲控相關實驗，有許多應用特點：

■ 使用 8051 單晶片做控制。

■ 支援串列通訊指令，可由 Arduino 下指令控制。

■ 可以由 USB 介面下載各式 C 語言控制程式來做聲控實驗。

■ 含 8051 C SDK 開發工具及程式源碼。

■ 新應用 C 程式可以網路下載更新，網址如下：http://vic8051.idv.tw/vcm.htm。

不限定語言聲控，使用前需要先錄音做訓練為資料庫，錄什麼音便可以辨認出這些聲音來做應用，本文說明如何做語音錄音訓練及聲控測試。

STEP① 系統已經預先載入控制程式，可以直接做應用。連接 +5V 電源至 J7。

STEP② 喇叭接線至接點 J5 SP，打開電源，電源 LED 燈 D2 亮起，工作 LED D3 閃爍，表示開機正常。或是按下 RESET 鍵 S6，可以重新啟動系統。

STEP ③ 系統已錄有測試語音（例如 1，2，3），先按 S3 鍵，聆聽系統已存在的語音內容，做為欲辨識的字詞。多按幾次 S3 鍵，聽聽內建已經訓練的語音。

STEP ④ 按 S4 鍵，説出辨識字詞來辨認。系統會以英文説出「WHAT NAME」當提示語，LED 燈亮起，對著麥克風説出語音，如説 '1'，系統辨認出來後會説 '1'。

STEP ⑤ 由於為特定語者語音辨認，男生來辨認會準確些，誰來訓練語音，辨認會很準確，安靜環境下，辨識率可達 95%。

STEP ⑥ 語音輸入操作技巧：

■ 訓練及辨認時周圍環境不宜太吵雜。

■ 語音輸入前會有提示語，LED 亮起，等提示語説完才語音輸入。

■ 語音輸入時與麥克風的最佳距離為 30 公分，有效距離為 100 公分，距離越遠則音量要大點，若太小聲系統會以英文説出「PLEASE LOUDER」要您説話大聲點。

STEP ⑦ S1 ～ S4 功能鍵：

■ 按鍵 S1：做語音參考樣本訓練輸入，一次訓練一組，展示系統為 5 個辨認的單音。已訓練的語音會永久保存在記憶晶片中，即使關機還是有效，語音訓練輸入需要輸入 2 次。按下 S1 鍵，操作過程如下：

• 系統説出 "SAY　　　NAME"（説一單音）---- 第 1 次錄音

• 系統説出 "REPEAT　NAME"（重覆一遍）---- 第 2 次錄音

2 次錄音做為產生語音參考樣本，若訓練成功後，系統會説出您剛剛輸入的語音做確認。由於錄音訓練時會過濾混淆音，可以減少誤辨的情況發生，當新輸入的語音與原先輸入的語音資料相似時（混淆音），則無法輸入新的語音。

■ 按鍵 S2：修改原先已存在的語音參考樣本。先按 S3 鍵聆聽系統已存在的某組語音內容。再按 S2 鍵，則該組內容會先被刪除，再執行語音輸入訓練，來建立新的語音參考樣本。若在語音輸入過程中失敗，可以使用 S1 鍵來輸入新的語音樣本。

■ 按鍵 S3：聆聽系統已存在的語音內容。展示程式為編號 0 ～ 4，重複循環。

■ 按鍵 S4：進行辨認。

■ RESET+S1（RESET S6 鍵與 S1 鍵同時按住，RESET 先放開）：清除所有已訓練的語音，或是做聲控晶片系統重置用，系統會 "嗶" 3 聲來回應。此情況是在系統當機，完全不聽使喚時非必要的動作，一旦執行聲控晶片的系統重置後，原先存在晶片內的所有語音樣本資料全部刪除，使用者需要重新輸入語音，才能辨認。

STEP 8 其他說明：

■ 當使用者第一次使用此系統時，不必輸入新的語音樣本，以原來的辨認單音，例如 "1"、"2"、"3" 便可以進行辨認，一般男生應可以辨認正確，如果是辨認自己的聲音，則可以高達 95% 以上的辨識率。

■ 您可以依自己喜好來重新輸入新的語音樣本，如 "JOHN"、'NANCY"、"PETER"、"MARY"、"SANDY"。

■ 展示系統為 5 個辨認的單音，當辨認到相對的音（編號 0~4）則原先輸入對應的語音會說出來當作確認用。

STEP 9 如何提高辨識率：

■ 儘量避免使用容易混淆的音當做辨識的字詞，如中文數字 "1" 和 "7"。

■ 同一辨識對象使用多組參考樣本。例如，說 "美國"，"America"，"USA" 均辨識為美國。

■ 不限使用語言，講方言、國語、台語、英語皆可。

■ 語音輸入品質十分重要，太大聲、太小聲、背景雜音太吵皆不宜。

■ 由於語音輸入的麥克風是使用電容式麥克風，為無指向式麥克風，因此可以對著麥克風，以適當的距離（30 公分）說話即可。

■ 語音訓練與辨認時說話的距離請一致，以免聲音輸入的準位偏差太大。

附錄 4 VI 中文聲控模組使用

現在許多的行動裝置都內建聲控功能，如聲控 GPS 導航、汽車聲控導航、手機聲控撥號、智慧手機聲控功能。有了 VI 中文聲控模組，便可以直接辨認中文命令，內建紅外線發射介面，聲控後直接發射紅外線信號，支援 Arduino 遙控裝置變聲控操作。使用前不必錄音訓練，不須連網便可以做中文聲控實驗，降低聲控應用技術開發門檻，將可以快速開發各式多元化應用或實驗。相關應用可以參考網址：http://vic8051.idv.tw/vi.htm。

以程式設計來做聲控應用相關專案實驗，先載入資料庫，而後聲控，含語音合成功能，可說出資料庫內容、聲控命令提示語，方便聲控及驗證聲控結果。語音輸出可以連接喇叭輸出或是壓電小喇叭，適合可攜式應用。支援程式下載功能及聲控 SDK 8051 程式發展工具。內建串列通訊介面，可以與外部單晶片連線控制。操作容易：

STEP ① 準備一 +5V 電源。經由 2 PIN 電線接至 +5V 接點 J1，紅色 +5V，黑色 GND。或是準備 3 顆電池放入電池座。

STEP ② 按下電源開關，電源 LED 亮起，工作 LED 閃動，開機正常。

STEP ③ 控制板上按鍵 S0、S1、S2 動作如下：

■ 按鍵 S0：系統 RESET 重置。

■ 按鍵 S1：聆聽系統已存在的語音內容，確認資料庫有效。

■ 按 S1 鍵 2 秒：下載資料庫到系統聲控主板，只需執行一次更新資料庫。

■ 按鍵 S2：進行辨認 1 次。當工作 LED 亮起，嗶一聲，表示系統正在等待語音輸入，此時可以說出命令來做控制。

■ 按 S2 鍵 2 秒：進行辨認，無嗶聲提示語無需再按鍵，可持續說出命令。

附錄 5 本書實驗所需零件及模組

本書實驗零件及模組可在拍賣網站，或是實驗室網站查詢：http://vic8051. idv.tw/exp_part.htm（含規格說明及團購優惠）。包括：

■ L51 學習型遙控器模組（成品）。

■ VI 中文聲控模組（成品）。

■ VCMM 錄音聲控模組（成品）。

本書實驗使用 ESP32 控制板如下配件，開始做實驗：

■ ESP32 控制板及 USB 連接線。

■ 麵包板及單心配線。

■ 實驗零件或模組。

全部實驗零件如下：

編號	名稱	規格	數量	說明
1	ESP32 模組	NODE MCU	1	成品
2	ESP32 模組轉接板	ESP32 模組	1	成品
3	小型馬達控制板	L9110S	1	或相容品
4	車體機構	參考內文	1	套件
5	麵包板	400 孔	1	實驗用
6	杜邦線公母	杜邦線	1	一些
7	壓電喇叭	1205	1	5V 外激式
8	溫溼度感知模組	DHT11	1	3 支腳位
9	紅外線接收模組	38K	1	3 支腳位
10	RC37 遙控器	38K	1	21 按鍵
11	紅外線發射 LED	5mm	1	2 支腳位
12	375 孔洞洞板	25 x 15 孔	1	實驗焊接用

編號	名稱	規格	數量	說明
13	100K 可變電阻	100K VR	1	實驗用
14	電阻	100K	1	實驗用
15	電阻	100	1	實驗用
16	光敏電阻	5mm	1	實驗用
17	LED	紅 LED	1	實驗用
18	伺服機	S3003	1	180 轉動
19	IIC LCD 模組	1602 IIC	1	IIC 介面
20	錄音聲控模組	VCMM	1	成品 60 組聲控
21	中文聲控模組	VI	1	成品 90 組聲控
22	紅外線學習模組	L51	1	成品 17 組學習

Memo